高职高专计算机类专业系列教材

计算机网络基础

主　编　杨小国　代　飞　李云芳

副主编　周　慧　曹　锋　王荣英　蔡桂秀

西安电子科技大学出版社

内 容 简 介

本书以实际应用为出发点，以基本原理为基础，将计算机网络基础知识、网络软硬件知识和基础实验有机结合起来，在全面介绍网络基础知识的同时，关注计算机网络发展的前沿知识。全书按照教学要求设置了 9 章内容，具体是：计算机网络概述、数据通信基础知识、计算机网络体系结构、网络互联基础知识、局域网技术、广域网技术、网络操作系统、计算机网络应用、网络安全与网络管理。

本书可作为高职高专院校计算机应用技术、软件技术、通信技术等专业的教材，也可作为相关技术人员和计算机爱好者的参考书。

图书在版编目(CIP)数据

计算机网络基础 / 杨小国，代飞，李云芳主编. —西安：西安电子科技大学出版社，2022.9
ISBN 978-7-5606-6557-3

Ⅰ. ①计…　Ⅱ. ①杨…　②代…　③李…　Ⅲ. ①计算机—网络　Ⅳ. ①TP393

中国版本图书馆 CIP 数据核字(2022)第 143064 号

策　　划　李鹏飞　李伟
责任编辑　李鹏飞
出版发行　西安电子科技大学出版社(西安市太白南路 2 号)
电　　话　(029)88202421　88201467　　　　邮　　编　710071
网　　址　www.xduph.com　　　　　　　　　电子邮箱　xdupfxb001@163.com
经　　销　新华书店
印刷单位　陕西天意印务有限责任公司
版　　次　2022 年 9 月第 1 版　　2022 年 9 月第 1 次印刷
开　　本　787 毫米×1092 毫米　1/16　印　张　13
字　　数　304 千字
印　　数　1～3000 册
定　　价　39.00 元
ISBN 978–7–5606–6557–3 / TP

XDUP 6859001-1
如有印装问题可调换

前　言

互联网技术的广泛普及和应用，带来了网络技术人才需求量的不断增加，网络技术教育和人才培养成为高等院校一项重要的战略任务。"计算机网络基础"是计算机网络行业相关专业的一门专业基础课程，对于后续课程及知识的学习有重要作用。它是一门理论性和实践性兼具的课程，不仅包括网络协议等抽象的理论性知识，也包括局域网组建和管理、Internet 接入、网络服务配置等具体的实践性环节。同时，学好这门课程，也能够为今后进行网络工程设计和更加深入的网络研究与实践打下深厚的基础。

本书分为 9 章，每章后都附有练习题，便于学生进行自测。各章主要知识点如下。

第 1 章：计算机网络概述，内容包括认识计算机网络、计算机网络的发展历程、计算机网络的组成、计算机网络的功能及分类、计算机网络的拓扑结构、计算机网络的应用等。

第 2 章：数据通信基础知识，内容包括数据通信的基本概念、数据通信系统的主要性能指标、传输介质等。

第 3 章：计算机网络体系结构，内容包括计算机网络体系结构概述、OSI 参考模型、TCP/IP 体系结构、数据的封装与解封装等。

第 4 章：网络互联基础知识，内容包括网络连接基础技术、IP 地址和子网掩码及子网划分、网络寻址路由器、IPv6 简介、网络测试常用命令等。

第 5 章：局域网技术，内容包括局域网概述、局域网组网设备、虚拟局域网、无线局域网等。

第 6 章：广域网技术，内容包括广域网概述、电路交换广域网、分组交换广域网、点对点协议 PPP、虚拟专用网 VPN 等。

第 7 章：网络操作系统，内容包括网络操作系统概述、Windows Server 2008 的安装与配置等。

第 8 章：计算机网络应用，内容包括域名系统(DNS)、万维网(WWW)、动态主机配置协议(DHCP)、文件传输协议(FTP)等。

第 9 章：网络安全与网络管理，内容包括网络安全概述、网络安全研究的课题、防火墙技术、计算机病毒、网络文件的备份与恢复、网络管理等。

通过对本书的学习，读者既可掌握计算机网络的理论知识，也可掌握一些设计、组建计算机网络的实际本领。

限于编者水平，书中疏漏和不足之处在所难免，敬请有关专家和读者批评指正。

编　者

2022 年 5 月

目　　录

第1章　计算机网络概述

1.1　认识计算机网络

一、计算机网络的定义

2022 年 2 月，中国互联网信息中心发布了第 49 次中国互联网发展状况统计报告。报告显示：截至 2021 年 12 月，我国网民规模达 10.32 亿，较 2020 年 12 月增长了 4295 万人，互联网的普及率为 73.0%；我国手机网民规模达 10.29 亿，使用手机上网人群占比达 99.7%。报告同时说明：我国网民规模不断扩大，互联网普及率稳步增长；手机上网成为主导；农村网民规模达 2.84 亿，农村互联网普及率平稳提升；网上支付线下场景不断丰富，大众线上理财习惯逐步养成；在线教育、在线政务服务发展迅速，互联网带动公共服务行业迅速发展。在新媒体技术、互联网技术和计算机技术飞速发展的今天，计算机网络已经和我们的工作、生活、学习密不可分。结合计算机专业知识，如何给计算机网络下定义呢？

学术界对于计算机网络的精确定义目前尚未统一，最简单、直接的定义是：计算机网络是一些互相连接的、具有自治功能的计算机的集合。这透露出计算机网络的三个基本特征：多台计算机，通过某种方式连接在一起，能独立工作。

计算机网络的专业定义是：利用通信设备和通信介质将地理位置不同、具有独立工作能力的多个计算机系统互连起来，并按照一定的通信协议进行数据通信，以实现资源共享和信息交换为目的的系统。计算机网络如图 1.1 所示。

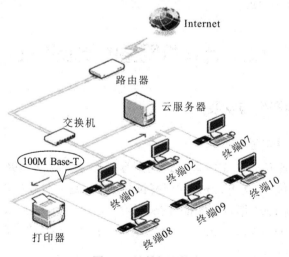

图 1.1　计算机网络

一个完整的计算机网络包括四部分：计算机系统、网络设备、通信介质和通信协议。

- 计算机系统：由计算机硬件系统和软件系统构成，如 PC、工作站和服务器等。
- 网络设备：具有转发数据等基本功能的设备，如中继器、集线器、交换机等。
- 通信介质：通信线路，如同轴电缆、双绞线、光纤等。
- 通信协议：计算机之间通信所必须遵守的规则，如以太网协议、令牌环协议等。

用一条连线将两台计算机连接起来，这种网络没有中间网络设备的数据转发环节，也不存在数据交换等复杂问题，可以认为是最简单的计算机网络。而 Internet 是由数量庞大的计算机网络通过数量庞大的网络设备互联而成的，堪称"国际互联网"，它是世界上最大的计算机网络系统。

二、信息传播与交换方式

简单来说，计算机网络就是两台或两台以上的计算机通过某种方式连在一起，以便交换信息的网络。计算机网络与我们平常接触到的有线电视网和电话网在信息传播及信息交换方式上有什么不同呢？

有线电视网是一个单向的、广播式的网络，每一个接入用户只能作为接收者被动地接收相同的信息，网络上的两个接入点之间无法进行信息沟通，接入用户无法对整个网络施加影响。这样的网络最简单、最容易管理。

电话网比有线电视网要复杂，它是一个双向的、单播式的网络，每一个接入用户既可以接收信息，也可以对外发送信息，不过在同一时间内只能和一个接入用户进行信息交流。电话网的接入用户只能对整个网络施加极其有限、微弱的影响。在管理上电话网比有线电视网要困难一些。

而计算机网络却是一个双向的、多种传送方式并存的网络，每个接入用户可以自由地通过单播、组播和广播三种不同的方式同时与一个或者多个用户进行信息交换，每个接入用户都可以在不同程度上对整个网络施加影响。所以我们说计算机网络是一个非常复杂的、具有共享性和协作性的网络。这样的网络最复杂，功能也最强，管理难度也最大，当然也就最容易出问题。

1.2　计算机网络的发展历程

一、计算机网络的产生与发展

1. Internet 的起源与基础

Internet 的发展经历了三个阶段，现在逐渐走向成熟。从 1969 年 Internet 的前身 ARPANET 诞生到 1983 年是 Internet 的研究试验阶段，这一阶段主要是进行网络技术的研究和试验；1983 年到 1994 年是 Internet 的实用阶段，这一阶段主要研究用于教学、科研和通信的学术网络；1994 年以后，Internet 开始进入商业化阶段，政府部门、商业企业以及个人开始广泛使用 Internet。

【延伸阅读】

从某种意义上讲,Internet 可以说是美、苏冷战的产物。1962 年,美国国防部为了在军事上对抗苏联,提出设计一种分散的指挥系统构想。1969 年,为了对上述构想进行验证,美国国防部高级研究计划署(DARPA, Defense Advanced Research Projects Agency)资助建立了一个名为 ARPANET(阿帕网)的实验网络。ARPANET 就是 Internet 的雏形。

最初的阿帕网由西海岸的 4 个节点构成。第一个节点选在加州大学洛杉矶分校(UCLA),因为 PC 之父罗伯茨过去的麻省理工学院同事 L.克莱因罗克教授正在该校主持网络研究。第二个节点选在斯坦福研究院(SRI),那里有道格拉斯·恩格巴特(D. Engelbart)等一批网络先驱人物。此外,加州大学圣巴巴拉分校(UCSB)和犹他大学(UTAH)分别被选为三、四节点。这两所大学都有电脑绘图研究方面的专家,而且互联网之父之一的泰勒之前任职的阿帕信息处理技术处上一任处长伊凡·泽兰教授,此时也任教于犹他大学。ARPANET 早期连接高校图见图 1.2。

图 1.2　ARPANET 早期连接高校图

20 世纪 80 年代中期,美国国家科学基金会(NSF)为了使各大学和研究机构能共享他们非常昂贵的四台计算机主机,希望并鼓励各大学、研究所的计算机与 NSF 的四台巨型计算机连接。从 1986 年至 1991 年,NSFNET 的子网从 100 个迅速增加到 3000 多个。1986 年 NSFNET 建成后正式营运,实现了与其他已有的和新建的网络的互联和通信,成为今天 Internet 的基础。

1990 年 6 月,NSFNET 全面取代 ARPANET 成为 Internet 的主干网。可以这样说,NSFNET 的出现,给予 Internet 的最大贡献就是向全社会开放,它准许各大学和私人科研机构网络接入,促使 Internet 迅速地商业化,并有了第二次飞跃发展。

随着 Internet 的发展,美国早期的四大骨干网互联开始对外提供接入服务,形成 Internet 初期的基本结构,其示意图如图 1.3 所示。

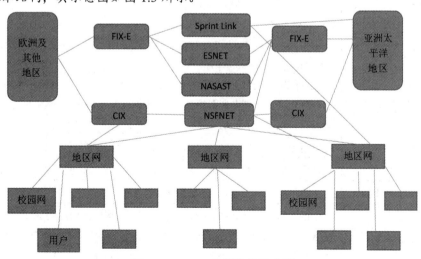

图 1.3　Internet 初期结构示意图

2. 我国计算机网络的产生与发展

我国的 Internet 发展以 1987 年 9 月 14 日钱天白教授发出我国第一封电子邮件为标志，此举揭开了中国人使用 Internet 的序幕。我国计算机网络早期以局域网络技术为主，大规模的网络建设是在 1989 年以后，如表 1.1 所示。

表 1.1　我国计算机网络的发展

时　间	事　件
20 世纪 60 年代初	计算机技术与通信技术相结合的研究课题开始提上日程，有了网络的早期研究与应用
1960—1964 年	中科院计算所、自动化所和七机部一院成功研制出飞行器缓变参数遥测数据自动收集与处理系统(计算机与无线通信相结合的系统)
20 世纪 60 年代中后期	建立了卫星地面测控系统(计算机与电话网专线相结合的系统)
20 世纪 70 年代	计算机通信系统的应用扩展到国民经济领域
20 世纪 80 年代初	局域网开始在国内应用，金融、气象、石化等部门开始率先建设专用广域计算机网络，包括各种管理信息系统、办公自动化系统和金融电子化等专用业务网络
20 世纪 80 年代中到 1993 年	中国计算机互联网发展的重要时期，主要由高等院校和研究所的一些学者倡导和推动，为中国计算机互联网的形成和发展在技术、人才等方面提供了条件
1993 年	建成中国公用分组交换网 CHINAPAC
1995 年 4 月	中国科技网 CSTNET 开通
1995 年 12 月	"中国教育和科研计算机网(CERNET)示范工程"建设完成
1996 年 1 月	中国公用计算机互联网(CHINANET)全国骨干网建成并正式开通
1996 年 9 月 6 日	中国金桥信息网(CHINAGBN)开通
2000 年 11 月 7 日	中国互联网络信息中心(CNNIC，China Internet Network Information Center)中文域名注册系统全面升级，推出以".CN"".中国"".公司"".网络"为后缀的中文域名服务
2003 年 8 月	国务院正式批复启动"中国下一代互联网示范工程"——CNGI(China Next Generation Internet)
2004 年 12 月 23 日	我国国家顶级域名.CN 服务器的 IPv6 地址成功登录到全球域名根服务器，标志着 CN 域名服务器接入 IPv6 网络，支持 IPv6 网络用户的 CN 域名解析，这表明我国国家域名系统进入下一代互联网
2005 年	以博客为代表的 Web 2.0 概念推动了中国互联网的发展
2006 年年底	名为"熊猫烧香"的病毒暴发，数百万台计算机遭到感染和破坏
2007 年 11 月 1 日	七项信息安全国家标准正式实施
2008 年年底	中国互联网络信息中心统计数据显示，我国网民数达到 2.98 亿人，互联网普及率达 22.6%。宽带网民规模达 2.7 亿，占网民总体的 90.6%。我国域名总数达到 16 826 198 个，其中 CN 域名数量达到 13 572 326 个，网站数约 2 878 000 个，国际出口带宽约 64 028 667 Mb/s

【延伸阅读】

目前，我国已经形成了中国教育和科研计算机网 CERNET、中国科技网 CSTNET、中国公用计算机互联网 CHINANET 和金桥信息网 CHINAGBN 四大网络体系结构。其中，CERNET 和 CSTNET 是非经营性的，以科研和教育为主；CHINANET 和 CHINAGBN 为商业性网络。四大网络之间已经实现互联，但速度较慢。

二、计算机网络的发展阶段

计算机网络经历了从简单到复杂、从单一主机到多台主机、从终端与主机之间的通信到计算机与计算机之间的直接通信等阶段，其发展历程大致可划分为四个阶段。

1. 第一阶段：计算机技术与通信技术相结合(诞生阶段)

20 世纪 60 年代末是计算机网络发展的萌芽阶段。此时，计算机是只具有通信功能的单机系统，一台计算机经通信线路与若干终端直接相连。该系统被称为终端—计算机网络，是早期计算机网络的主要形式，如图 1.4 所示。

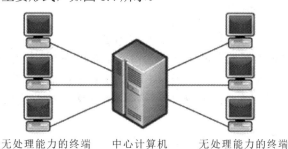

无处理能力的终端　　　中心计算机　　　无处理能力的终端

图 1.4　第一阶段的计算机网络

【延伸阅读】

第一个远程分组交换网 ARPANET 首次实现了由通信网络和资源网络复合构成计算机网络系统，这标志着计算机网络的真正产生。

这一阶段的网络特征是：共享主机资源。存在的问题有：主机负荷较重，主机既要承担通信任务又要负责数据处理；通信线路利用率低；网络可靠性差。ARPANET 是该阶段的典型代表。

【注意】　终端是一台计算机的外部设备(包括显示器和键盘)，无 CPU 和内存，不具备自主处理数据的能力，仅能完成输入、输出等功能，所有数据处理和通信任务均由中央主机来完成。

2. 第二阶段：计算机网络具有通信功能(形成阶段)

第二阶段的计算机网络中的多个主机通过通信线路互联起来，为用户提供服务，主机之间不直接用线路相连，而是由 IMP(接口报文处理机)转接后互联的。IMP 和主机之间互联的通信线路一起负责主机间的通信任务，构成了通信子网。通信子网互联的主机负责运行程序，提供资源共享，组成了资源子网。

　　这个时期,"以能够相互共享资源为目的互联起来的具有独立功能的计算机之集合体"是计算机网络的基本概念,如图 1.5 所示。

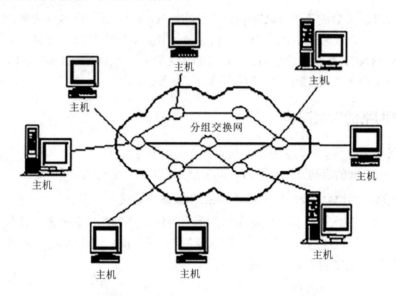

图 1.5　第二阶段的计算机网络

　　这个阶段,每台主机服务的子网之间的通信均是通过各自主机之间的直接连线实现的。其网络特征是:以多台主机为中心,网络结构从"主机—终端"转向"主机—主机"。该阶段存在的问题包括:各企业的网络体系及网络产品相对独立,未有统一标准;此时的网络只能面向企业内部服务。

　　随着子网间通信数量的增加,由主机负责数据转发的通信网络显得力不从心,于是新的网络设备——通信控制处理机(CCP,Communication Control Processor)被研制出来。该设备负责主机之间的通信控制,使主机从通信任务工作中分离出来。

3. 第三阶段:计算机网络互联标准化(互联互通阶段)

　　20 世纪 70 年代末 80 年代初,网络发展到第三阶段,发展重心体现为如何构建一个标准化的网络体系结构,使不同公司或部门的网络系统之间可以互联且相互兼容,增加互操作性,以实现各公司或部门间计算机网络资源的最大共享。

　　1977 年,国际标准化组织成立了"计算机与信息处理标准化委员会"下属的"开放系统互联分技术委员会",专门着手制定开放系统互联的一系列国际标准。1983 年,ISO 推出"开放系统互联参考模型"(OSI/RM,Open System Interconnection/Recommended Model)的国际标准框架。自此,各网络公司的网络产品有了统一标准的依据,各种不同网络的互联有了可参考的网络体系结构框架。

　　20 世纪 80 年代,随着个人计算机(PC)的广泛使用,局域网获得了迅速的发展。美国电气与电子工程师协会(IEEE)为了适应微机、个人计算机以及局域网发展的需要,于 1980 年 2 月在旧金山成立了 IEEE 802 局域网标准委员会,并制定了一系列局域网标准。为此,新一代光纤局域网——光纤分布式数据接口(FDDI)网络标准及产品相继问世,为推动计算机局域网技术进步及应用奠定了良好的基础。这一阶段典型的标准化网络结构如图 1.6 所示,其中通信子网的交换设备主要是路由器和交换机。

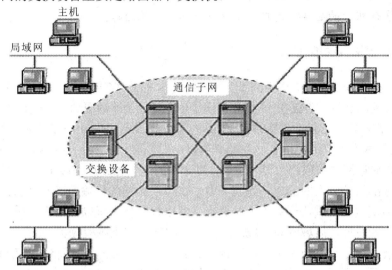

图 1.6　第三阶段的计算机网络

4. 第四阶段：计算机网络高速和智能化发展(高速网络技术阶段)

进入 20 世纪 90 年代，随着计算机网络技术的迅猛发展，特别是 1993 年美国宣布建立国家信息基础设施(NII，National Information Infrastructure)后，全世界许多国家都纷纷制定和建立本国的 NII，从而极大地推动了计算机网络技术的发展，使网络发展进入了世界各个国家的骨干网络建设、骨干网络互联与信息高速公路的发展阶段，也使计算机网络的发展进入一个崭新的阶段，即计算机网络高速和智能化阶段，如图 1.7 所示。

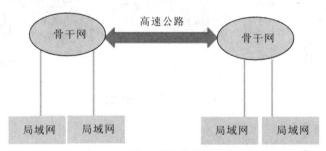

图 1.7　网络互联与信息高速公路

这一阶段的主要特征为：计算机网络化，随着计算能力发展以及全球互联网(Internet)的盛行，计算机的发展已经完全与网络融为一体，体现出了"网络就是计算机"的特点。目前，计算机网络已经真正进入社会各行各业。此外，虚拟网络、FDDI 及 ATM 等技术的应用，使网络技术蓬勃发展并迅速走向市场，走进平民百姓的生活。

 【延伸阅读】

所谓"信息高速公路"，就是一个高速度、大容量、多媒体的信息传输网络系统。

建设信息高速公路就是利用数字化大容量的光纤通信网络，使政府机构、信息媒体、大学、研究所、医院、企业……甚至办公室、家庭等的所有网络设备全部联网。届时，人们的吃、穿、住、行以及工作、看病等生活需求，都可以通过网络实施远程控制，并得到优质的服务。同时，网络还将给用户提供比电视和电话更加丰富的信息资源和娱乐节目，使信息资源实现极大的共享，用户可以拥有更加自由的选择。

三、计算机网络的发展方向

随着网络技术的发展，如何提高带宽和网络传输率成为首要问题。目前，各国都非常重视网络基础设施的建设。美国在 1993 年提出了信息高速公路的概念，并建设了 Internet II 网络。我国也非常重视网络基础设施的建设，1994 年，我国连入 Internet 的出口带宽为 64 kb/s，到 2002 年已经达到了 10 Gb/s。国内网络带宽仅中国电信一家，就已经达到了 800 Gb/s。

近年来，局域网技术取得了较大发展，以太网的速度已经从 10 Mb/s 提高到 1Gb/s，现在新制定的标准又使以太网的速率达到了 10 Gb/s。以太网的传输距离已经从原来局域网的范围达到了城域网的范围，新的以太网标准又使以太网技术可以应用于广域网。现在，随着以太网技术的发展，局域网与广域网之间的界限变得越来越模糊了。

网络发展的另一个方向是实现三网合一。所谓"三网合一"，即将目前存在的电信网、广电网和互联网三大网络合并成一个网络，如图 1.8 所示。目前，在三网合一方面有许多问题有待解决，这方面的研究工作也一直在进行着。将所有的信息，包括语音、视频以及数据都统一到 IP 网络是今后网络的发展方向。

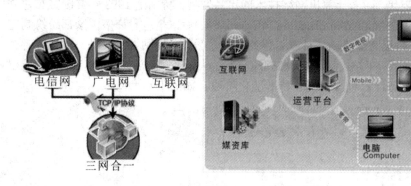

图 1.8　三网合一示例图

 【延伸阅读】

三网并存的现象不仅浪费资源、管理困难，而且存在下列问题：电信网虽然已经接入千家万户，但是电信网存在着带宽不足的先天缺陷；广电网虽然具有很高的带宽，但其信号是单向传递的；互联网虽然能够很好地解决带宽，但是目前很难普及到家庭。虽然计算机光纤通信骨干网已经架设完成，但接入用户的接入网的投资也是巨大的。如果能把三种网络统一起来，那么上述困难就可以迎刃而解。三网合一就是把电信网、广电网、互联网充分融合互通、互享，以达到资源整合共用互享的目的。

三网合一不仅是对现有网络资源进行有效整合、互联互通，而且会形成新的服务和运营机制，有利于信息产业结构的优化，以及政策法规的相应变革。融合以后，不仅信息传播、内容和通信服务的方式会发生很大变化，企业应用、个人信息消费的具体形态也将会有质的变化。

1.3　计算机网络的组成

一、计算机网络子网系统

计算机网络的基本功能可分为数据处理与数据通信两大部分，因此它所对应的结构也分成两个部分：负责数据处理的计算机与终端设备；负责数据通信的通信控制处理机(CCP)与通信线路。所以，从计算机网络的通信角度看，典型的计算机网络按其逻辑功能可以分为"资源子网"和"通信子网"，如图 1.9 所示。

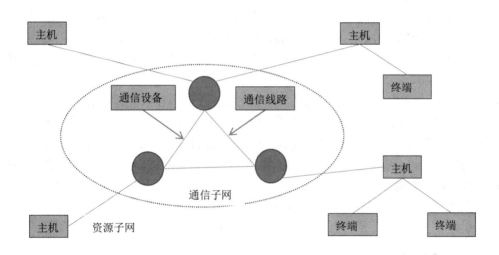

图 1.9　计算机网络组成示意图

1. 计算机资源子网

资源子网的基本功能是负责全网的数据处理业务，并向网络用户提供各种网络资源和网络服务。资源子网由拥有资源的主计算机、请求资源的用户终端、联网的外设、各种软件资源及信息资源等组成。

(1) 主计算机。主计算机系统简称主机(Host)，它可以是大型机、中型机、小型机、工作站或微机。主机是资源子网的主要组成单元，它通过高速通信线路与通信子网的通信控制处理机相连接。主计算机主要为本地用户访问网络中其他主机设备与资源提供服务，同时要为网络中的远程用户共享本地资源提供服务。

(2) 终端。终端(Terminal)是用户访问网络的界面。终端一般是指没有存储与处理信息能力的简单输入、输出设备，也可以是带有微处理机的智能终端。智能终端除具有输入、输出信息的功能外，本身还具有存储与处理信息的能力。各类终端既可以通过主机连入网络中，也可以通过终端控制器、报文分组组装/拆卸装置或通信控制处理机连入网络中。

(3) 网络共享设备。网络共享设备一般是指计算机的外部设备，例如高速网络打印机、高档扫描仪等。

2. 计算机通信子网

通信子网的基本功能是提供网络通信功能，完成全网主机之间的数据传输、交换、控制和变换等通信任务。通信子网由通信控制处理机、通信线路及信号变换设备等其他通信设备组成。

(1) 通信控制处理机。通信控制处理机(CCP)在网络拓扑结构中称为网络节点，是一种在数据通信系统中专门负责网络中数据通信、传输和控制的专门计算机或具有同等功能的计算机部件。通信控制处理机一般是由配置了通信控制功能的软件和硬件的小型机、微型机承担。一方面，它作为与资源子网的主机、终端的连接接口，将主机和终端连入网内；另一方面，它又作为通信子网中的分组存储转发节点，完成分组的接收、校验、存储、转发等功能，实现将源主机报文准确发送到目的主机的功能。

(2) 通信线路。通信线路即通信介质，指为通信控制处理机与主机之间提供数据通信的通道。计算机网络中采用了由多种有线通信线路，如电话线、双绞线、同轴电缆、光纤等组成的通信信道，也可以使用由红外线、微波及卫星通信等无线通信线路组成的通信信道。

(3) 信号变换设备。信号变换设备的功能是根据不同传输系统的要求对信号进行变换。例如调制解调器、无线通信的发送和接收设备、网卡以及光电信号之间的变换和收发设备等都属于信号变换设备。在网络中可以将信号交换设备称为通信节点。通过通信介质将通信节点连在一起就构成了通信子网。当数据到达某个规定的节点时，通信节点进行相应的处理后就可以将数据传送到计算机中进行处理。

【注意】　广域网可以明确地划分出资源子网与通信子网，而局域网由于采用的工作原理和结构的限制，不能明确地划分出子网的结构。

二、计算机网络软硬件系统

1. 计算机网络硬件部分

计算机网络硬件系统包括计算机、通信控制设备和网络连接设备。

计算机是信息处理设备，属于资源子网的范畴。如在因特网中，有些计算机作为信息的提供者，被称为服务器，服务器是因特网上具有网络上唯一标识(IP 地址)的主机。

通信控制设备(或称通信设备)是信息传递的设备。通信设备构成网络的通信子网，是专门用来完成通信任务的。

网络连接设备属于通信子网，负责网络的连接，主要包括路由器、局域网中的交换机、网桥、集线器以及网络连线等。网络连接设备是网络中的重要设备，局域网若没有网络连接设备就很难构成网络。如在因特网中，正是由于路由器的强大功能才使得不同的网络得以无缝连接。

2. 计算机网络软件部分

计算机网络软件主要包括网络操作系统、网络通信协议以及网络应用软件等。网络操作系统负责计算机及网络的管理，网络应用软件完成网络的具体应用，它们都属于资源子网的范畴；网络通信协议完成网络的通信控制功能，属于通信子网的范畴。

1.4　计算机网络的功能及分类

一、计算机网络的功能

计算机网络主要的，也是最基本的功能可归纳为以下三点。

1. 资源共享

资源共享是计算机网络的基本功能之一。其可共享的资源包括软件资源、硬件资源和数据资源，如计算机的处理能力、大容量磁盘、高速打印机、大型绘图仪以及计算机特有的专业工具、特殊软件、数据库数据、文档等。这些资源并非所有用户都能独立拥有，因此将这些资源放在网络上共享，供网络用户有条件地使用，既提供了便捷的应用服务，又可节约巨额的设备投资；此外，网络中各地区的资源互通、分工协作，也极大地提高了系统资源的利用率。

2. 数据通信

数据通信是计算机网络的另一个基本功能。它以实现网络中任意两台计算机间的数据传输为目的，如在网上接收与发送电子邮件、阅读与发布新闻消息、网上购物、电子贸易、远程教育等。数据通信提高了计算机系统的整体性能，也极大地方便了人们的工作和生活。

3. 分布式处理

多个单位或部门位于不同地理位置的多台计算机，通过网络连接起来，协同完成大型的数据计算或数据处理问题的这一复杂过程，称为分布式处理。

分布式处理解决了单机无法胜任的复杂问题，增强了计算机系统的处理能力和应用系统的可靠性，不仅使计算机网络可以共享文件、数据和设备，还能共享计算能力和处理能力。如 Internet 上众多提供域名解析的域名服务器(DNS，Domain Names Service)通过网络连接就构成了一个大的域名系统，其中每台域名服务器负责各自域的域名解析任务。这种由网络上众多台域名服务器协同完成一项域名解析任务的工作方式就是一个典型的分布式处理。

二、计算机网络的分类

计算机网络可以按照不同的方法进行分类。最常用的四种分类方法是：根据网络传输技术进行分类、根据网络的分布范围进行分类、根据网络使用的传输介质进行分类、根据网络协议进行分类。

1. 按网络传输技术进行分类

在通信技术中，通信信道的类型有广播信道与点对点通信信道两类。网络要通过通信信道完成数据传输任务，所采用的传输技术也只可能是广播方式与点对点方式。因此，相应的计算机网络可以分为广播式网络与点对点式网络。

(1) 广播式网络。在广播式网络中，所有联网的计算机都共享一个公共通信信道。当一台计算机利用共享通信信道发送报文分组时，其他所有的计算机都会"收听"到这个分组。

 【延伸阅读】

广播式网络中，由于发送的分组中带有目的地址与源地址，接收到该分组的计算机将检查目的地址是否与本地节点地址相同，如果接收报文分组的目的地址与本地节点地址相同，则接收该分组，否则丢弃该分组。广播式网络中，发送的报文分组的目的地址有三类：单一节点地址、多节点地址和广播地址。

(2) 点对点式网络。与广播式网络相反，点对点式网络中每条物理线路只能连接一对计算机。两台计算机之间的分组传输通过中间节点进行接收、存储与转发，且从源节点到目的节点的路由需要由路由选择算法确定。采用分组存储转发与路由选择机制是点对点式网络与广播式网络的重要区别之一。

2. 按网络分布范围进行分类

1) 局域网

局域网(LAN，Local Area Network)用于将有限范围内(如一个实验室、一幢大楼、一个校园)的各种计算机、终端与外部设备互联成网。局域网按采用的技术可分为共享局域网和交换式局域网；按传输介质可分为有线网和无线网；按拓扑结构可分为总线型、星型和环型。此外，局域网还可分为以太网、令牌环网和 FDDI 环网等。近年来，以太网发展速度非常快，所以目前所见到的局域网几乎都是以太网。

局域网组网方便、价格低廉，技术实现比广域网容易，一般应用于企业、学校、机关及部门机构等内部网络。局域网技术发展非常迅速，应用也日益广泛，它是计算机网络中最活跃的领域之一。

局域网的主要特点如下。

(1) 网络覆盖的地理范围较小，一般为几十米到几十千米。

(2) 传输速率高，目前已达到 10 Gb/s。

(3) 误码率低。

(4) 拓扑结构简单，常用的拓扑结构有总线型、星型和环型等。

(5) 局域网通常归属于一个单一的组织管理。

2) 城域网

城域网(MAN，Metropolitan Area Network)是一种大型的 LAN。它的覆盖范围介于局域网和广域网之间，一般是在一个城市范围内组建的网络。城域网设计的目标是要满足几十千米范围内大量企业、机关、公司的多个局域网互联的需求，以实现大量用户之间的数据、语音、图像与视频等多种信息的传输功能。目前，城域网的发展越来越接近局域网，通常采用局域网和广域网技术构成宽带城域网。

3) 广域网

广域网(WAN，Wide Area Network)是在一个广阔的地理区域内进行数据、语音、图像、视频等信息传送的通信网，地理范围比较大，一般在几十千米以上。广域网通常能覆盖一个城市、一个地区、一个国家、一个洲，甚至全球。

地理范围上，广域网与城域网的概念存在交叉，对多大范围以外属于广域网没有严格的规定，主要看采用什么技术。广域网一般由中间设备(路由器)和通信线路组成，其通信线路大多借助于一些公用通信网，如 PSTN、DDN、ISDN 等。

广域网的主要特点如下。

(1) 覆盖的地理范围大。

(2) 广域网通过公用通信网进行连接。

(3) 传输速率一般在 64 kb/s～2 Mb/s 或为 45 Mb/s。

随着广域网技术的发展，传输速率也在不断提高，目前通过光纤介质，采用 POS、DWDM、万兆以太网等技术，传输速率可提高到 155 Mb/s～2.5 Gb/s，最高可达 10 Gb/s。

LAN、MAN 和 WAN 的比较如表 1.2 所示。

表 1.2　局域网、城域网和广域网的比较

内容	LAN	MAN	WAN
范围概述	较小范围计算机通信网	较大范围计算机通信网	远程网或公用通信网
网络覆盖的范围	20 m 以内	几十千米	几千米到几万千米
数据传输速率	100 Mb/s～10 Gb/s	100 Mb/s～1000 Mb/s～10 Gb/s	典型速率是 56 kb/s～155 Mb/s，已有 622 Mb/s、2.4 Gb/s 甚至更高速率的广域网
传输介质	有线介质：同轴电缆、双绞线、光缆	无线介质：微波、卫星有线介质：光缆	有线介质或无线介质：公用数据网、PSTN、DDN、ISDN、光缆、卫星、微波
信息误码率	低	较高	高
拓扑结构	总线型、星型、环型、网状型	环型	网状型

【注意】　由于 10 Gb/s 以太网技术和 IP 网络技术的出现，以太网技术已经可以应用到广域网中。这样，广域网、城域网与局域网的界限越来越模糊了。

3. 按传输介质进行分类

根据网络的传输介质不同，可以将网络分为有线网和无线网。有线网根据线路的不同又分为同轴电缆网、双绞线网、光纤网和最新的全光网络；无线网则是指卫星无线网和使用其他无线通信设备的网络。

1) 有线介质

(1) 同轴电缆。

同轴电缆由两个导体组成：一个空心圆柱形导体(网状)围裹着一个实心导体。内部导体可以是单股的实心导线，也可以是多股导线；外部导体可以是金属箔，也可以是编织的网状线。其结构如图 1.10 所示。

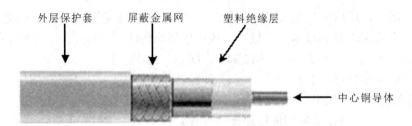

图 1.10 同轴电缆结构图

(2) 双绞线。

双绞线是由两根相互绝缘的铜导线按照一定的标准互相缠绕在一起而成的网络传输介质。双绞线主要用来传输模拟信号，但同样适用于数字信号的传输。

把两根绝缘的铜导线按一定规格互相绞在一起，可降低信号干扰的程度，因为每一根导线在传输中辐射的电波会被另一根线上发出的电波抵消。如图 1.11 所示，8 条线两两相绞，因而得名双绞线。

图 1.11 双绞线示意图

双绞线按是否进行屏蔽划分为屏蔽双绞线(STP，Shielded Twisted-Pair)和非屏蔽双绞线(UTP，Unshielded Twisted-Pair)，其示意图分别如图 1.12、图 1.13 所示。屏蔽双绞线电缆的外层由铝箔包裹，可以减小辐射，但并不能完全消除辐射。屏蔽双绞线的价格相对较高，要比安装非屏蔽双绞线电缆困难。非屏蔽双绞线电缆具有诸多优点，如无屏蔽外套，直径小，节省空间；重量轻，易弯曲，易安装；可将串扰减至最小或消除串扰；具有独立性和灵活性，适用于结构化综合布线等。

图 1.12 屏蔽双绞线(STP)　　　　图 1.13 非屏蔽双绞线(UTP)

(3) 光纤。

光纤和同轴电缆相似，只是没有网状屏蔽层。光纤中心是用于光传播的玻璃芯；芯外面包围着一层折射率比较低的玻璃封套，以使光纤保持在芯内；再外面是一层薄的塑料外套，用来保护封套。光纤通常被扎成束，外面有外壳保护。纤芯通常是由石英玻璃制成的横截面积很小的双层同心圆柱体，质地脆，易断裂，因此需要外加保护层。其结构如图 1.14 所示。

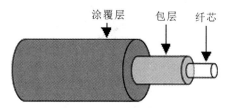

图 1.14　光纤结构

光纤按照模数分为单模光纤(SMF，Single Mode Fibre)和多模光纤(MMF，Multi Mode Fibre)。单模光纤中光的传输如图 1.15 所示，多模光纤中光的传输如图 1.16 所示。

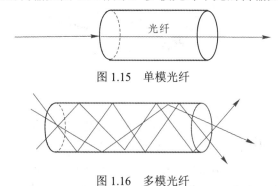

图 1.15　单模光纤

图 1.16　多模光纤

2) 无线介质

(1) 地面微波。其特点包括：

● 通过地面站之间接力传送。

● 接力站之间距离为 50～100 km。

● 速率为每信道 45 Mb/s。

地面微波示意图见图 1.17。

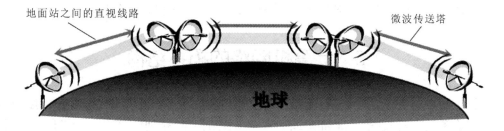

图 1.17　地面微波

(2) 地球同步卫星。其特点包括：

● 与地面站相对位置固定。

● 使用 3 颗卫星即可覆盖全球。

● 传输延迟时间长(约为 270 ms)。

● 广播式传输。

地球同步卫星示意图见图 1.18。

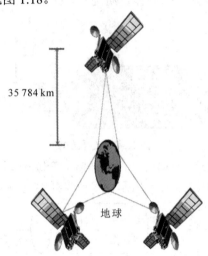

图 1.18　地球同步卫星

4. 按协议进行分类

按照协议对网络进行分类是一种常用的方法，多用在局域网中。分类所依照的协议一般是指网络所使用的底层协议。例如，在局域网中主要有两种协议，一种是以太网协议，另一种是令牌环网协议。以太网用的网络接口层(底层)协议为 802.3 标准，这个标准在制定时就参考了以太网协议，所以人们把这种网络称为以太网。令牌环网的协议标准是 802.5 标准，这个标准在制定时参考了 IBM 公司著名的环网协议，所以这种网络被称为令牌环网。广域网也有类似的例子。分组交换网遵循 X.25 协议的标准，所以这种广域网经常被称为 X.25 网。除此之外，还有帧中继网 FRN 和 ATM 网等。

【注意】　除了上述几种分类方法外，还经常使用其他分类方法。例如，按照传输的带宽，将网络分为窄带网和宽带网；按照网络通信的介质，可以将网络分为铜线网、光纤网和卫星通信网等；按照网络所使用的操作系统，可以将网络分为 Novell 网和 NT 网等；按照网络的规模及组网方式，可以将网络分为工作组级、部门级和企业级网络等。

1.5　计算机网络的拓扑结构

计算机网络的拓扑结构是指计算机网络节点和通信链路所组成的几何形状，也可以描述为网络设备及它们之间的互联布局或关系。拓扑结构与网络设备类型、设备能力、网络容量及管理模式等有关。

拓扑结构基本上可以分成两大类，一类是无规则的拓扑，这种拓扑结构呈网状图形，一般广域网采用这种拓扑结构，称为网状网；还有一类是有规则的拓扑，这种拓扑结构的图形一般是有规则的、对称的，局域网多采用这种拓扑结构。计算机的拓扑结构有很多种，下面介绍最常见的几种。

一、总线型拓扑结构

总线型拓扑结构采用单一的通信线路(总线)作为公共的传输通道,所有的节点都通过相应的接口直接连接到总线上,并通过总线进行数据传输。对总线结构而言,其通信网络中只有传输媒体,没有交换机等网络设备,所有网络站点都通过介质直接与传输媒体相连,如图 1.19 所示。

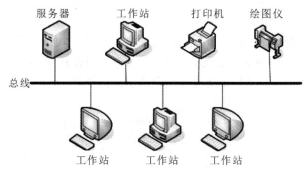

图 1.19　总线型拓扑结构

总线型拓扑结构的网络简单、便宜,容易安装、拆卸和扩充,适于构造宽带局域网,如教学网一般都采用总线结构。总线结构网络的主要缺点是对总线的故障敏感,总线一旦发生故障将导致网络瘫痪。

总线型拓扑结构的特点如下。

(1) 结构简单,易于扩展和安装,费用低。

(2) 共享能力强,便于广播式传输。

(3) 网络响应速度快,但负荷重时性能会迅速下降。

(4) 网络效率和带宽利用率低。

(5) 采用分布控制方式,各节点通过总线直接通信。

(6) 各工作节点平等,都有权争用总线,不受某节点制裁。

二、环型拓扑结构

在环型拓扑结构中,各个网络节点通过环节点连在一条首尾相接的闭合环状通信线路中。环节点通过点到点链路连接成一个封闭的环,每个环节点都有两条链路与其他环节点相连,如图 1.20 所示。环型拓扑结构有两种类型,即单环结构和双环结构。令牌环(TokenRing)网采用单环结构,而光纤分布式数据接口(FDDI)则是双环结构的典型代表。

环型拓扑结构的主要特点如下。

(1) 各工作站间无主从关系,结构简单。

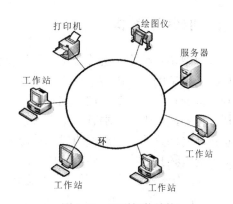

图 1.20　环型拓扑结构

(2) 信息流在网络中沿环单向传递，延迟固定，实时性较好。

(3) 两个节点之间仅有唯一的路径，简化了路径选择。

(4) 可靠性差，任何线路或节点的故障，都有可能引起全网故障，且故障检测困难。

(5) 可扩充性差。

三、星型拓扑结构

在星型拓扑结构中，每个节点都由一条点到点的链路与中心节点相连，任意两个节点之间的通信都必须通过中心节点，如图 1.21 所示。中心节点通过存储转发技术实现两个节点之间的数据帧的传送，中心节点的设备可以是集线器(HUB)中继器，还可以是交换机。目前，在局域网系统中，星型拓扑结构几乎取代了总线结构。

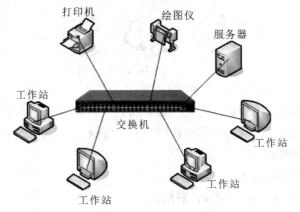

图 1.21　星型拓扑结构

星型结构的主要特点如下。

(1) 结构简单，容易扩展、升级，便于管理和维护。

(2) 容易实现结构化布线。通信线路专用，电缆成本高。

(3) 中心节点负担重，易成为信息传输的瓶颈。

(4) 星型结构的网络由中心节点控制与管理，中心节点的可靠性基本上决定了整个网络的可靠性，中心节点一旦出现故障，就会导致全网瘫痪。

四、树型拓扑结构

树型拓扑结构是由总线型和星型演变而来的。它有两种类型：一种是由总线型拓扑结构派生出来的，它由多条总线连接而成，不构成闭合环路而是形成分支；另一种是星型拓扑结构的扩展，各节点按一定的层次连接起来，信息交换主要在上、下节点之间进行。在树型拓扑结构中，顶端有一个根节点，它带有分支，每个分支还可以有子分支，其几何形状像一棵倒置的树或横置的树，故得名树型拓扑结构，如图 1.22 所示。

树型拓扑结构的主要特点如下。

(1) 有天然的分级结构，各节点按一定的层次连接。

(2) 易于扩展，易进行故障隔离，可靠性高。

(3) 对根节点的依赖性大，一旦根节点出现故障，将导致全网瘫痪，电缆成本高。

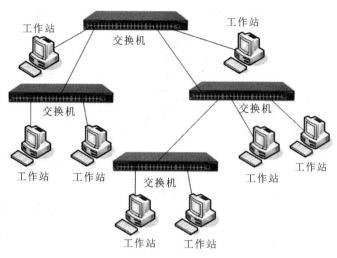

图 1.22 树型拓扑结构

五、网状型拓扑结构

网状型拓扑结构又称完整结构。在网状型拓扑结构中，网络节点与通信线路互连成不规则的形状，节点之间没有固定的连接形式，一般每个节点至少与其他两个节点相连，即每个节点至少有两条链路连接到其他节点，数据在传输时可以选择多条路由，如图 1.23 所示。

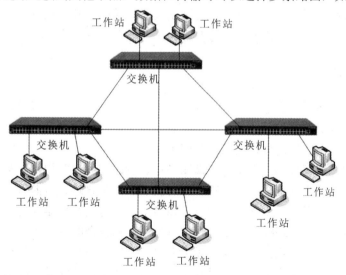

图 1.23 网状型拓扑结构

网状型拓扑结构的特点是节点间的通路比较多，当某一条线路出现故障时，数据分组可以寻找其他线路迂回，最终到达目的地，所以该网络具有很高的可靠性。但该网络控制结构复杂，建网费用较高，管理也复杂。因此，一般只在大型网络中采用这种结构。有时，园区网的主干网也会采用节点较少的网状拓扑结构。我国教育科研示范网 CERNET 的主干网和国际互联网 Internet 的主干网都采用网状结构。其中，CERNET 主干网的拓扑结构如图 1.24 所示。

在网状网中，两个节点间传输数据与其他节点无关，所以又称其为点对点的网络。

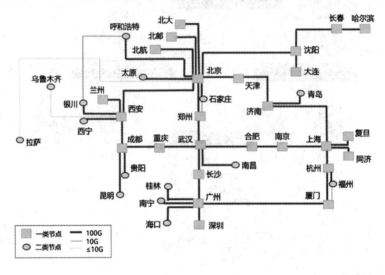

图 1.24　CERNET 主干网的拓扑结构

1.6　计算机网络的应用

计算机网络在资源共享和信息交换方面所具有的功能是其他系统不能替代的，它的应用范围也比较广泛。下面介绍一些带有普遍和典型意义的应用领域。

一、办公自动化

办公自动化是指利用先进的科学技术，尽可能充分地利用信息资源，提高生产、工作效率和质量，取得更好的经济效益。一般来说，一个较完整的办公自动化系统应当包括信息采集、信息加工、信息传输、信息保存四个环节。

办公自动化一般可分为三个层次，即事务层、管理层和决策层。事务层为基础型，包括文字处理、个人日程管理、行文管理、邮件处理、人事管理、资源管理、其他有关机关行政事务处理等。管理层为中间层，包含了事务层。管理层系统是支持各种办公事务处理活动的办公系统与支持管理控制活动的管理信息系统相结合的办公系统。决策层为最高层，它以事务层和管理层办公系统的大量数据为基础，同时又以自带的决策模型为支持。决策层办公系统是上述系统的再结合，是具有决策或辅助决策功能的最高级系统。

多媒体技术是办公自动化发展的又一趋势。它使处理语音、图像的功能加强，更能够满足办公要求，扩大办公信息处理的应用范围，提高应用价值。

二、电子数据交换(EDI，Electronic Data Interchange)

电子数据交换是一种利用计算机进行商务处理的新方法。电子数据交换将贸易、运输、保险、银行和海关等行业的信息，用一种国际公认的标准格式，通过计算机通信网络，在各有关部门、公司与企业之间进行交换与处理，并完成以贸易为中心的全部业务过程。

电子数据交换不是指用户之间简单的数据交换，而是指发送方按照国际通用的消息格式发送信息，接收方按国际统一规定的语法规则对消息进行处理，并引起其他相关系统电子数据交换的综合处理过程。整个过程都自动完成，无须人工干预，减少了差错，提高了效率。电子数据交换场景如图 1.25 所示。

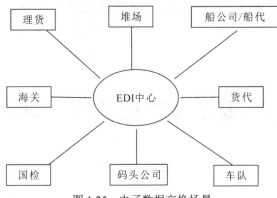

图 1.25　电子数据交换场景

三、远程教育(Distance Education)

远程教育是一种利用在线服务系统开展学历或非学历教育的全新教学模式。远程教育几乎可以提供大学所有的课程，学员们通过远程教育，同样可得到正规大学从学士到博士的所有学位。这种教育方式，对于已从事工作但仍想取得高学位的人士特别有吸引力。远程教育的模式如图 1.26 所示。

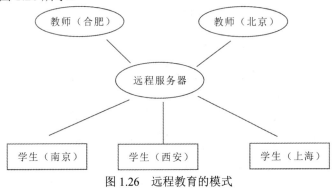

图 1.26　远程教育的模式

四、电子银行(Electronic Banking)

电子银行也是一种在线服务系统，是一种由银行提供的基于计算机和计算机网络的新型金融服务系统。电子银行的功能包括金融交易卡服务、自动存取款作业、销售点自动转账服务、电子汇款与清算等，其核心为金融交易卡服务。电子银行的手机操作页面如图 1.27 所示。

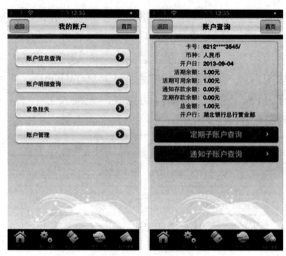

图 1.27　电子银行手机操作页面

五、证券及期货交易(Securities and Futures)

　　证券和期货市场通过计算机网络提供行情分析和预测、资金管理和投资计划等服务，还可以通过无线网络将各机构相连，利用手持通信设备输入交易信息，并将信息通过无线网络迅速传递到计算机、报价服务系统和交易大厅的显示板。管理员、经纪人和交易者也可以迅速利用手持设备直接进行交易，避免了通过手势、传话器、人工录入等传统方式造成的信息不准确和时间延误。证券及期货交易流程如图 1.28 所示。

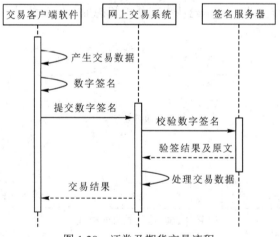

图 1.28　证券及期货交易流程

六、娱乐和在线游戏

　　网络在线游戏正在逐渐成为互联网娱乐的重要组成部分。一般而言，电脑游戏可以分为四类：完全不具备联网能力的单机游戏、具备局域网联网功能的多人联网游戏、基于 Internet 的小型多用户游戏和基于 Internet 的大型多用户游戏(有大型的客户端软件和复杂的后台服务器系统)。

本 章 小 结

　　计算机网络是计算机技术和通信技术紧密结合的产物，它的诞生使计算机的体系结构发生了巨大变化，并在当今社会经济发展中发挥着非常重要的作用。本章主要讲述了计算机网络的定义，计算机网络发展的四个阶段，并从计算机网络组成的角度，将计算机网络按其逻辑功能区分为"资源子网"和"通信子网"两部分；本章还介绍了网络的组成、分类和网络的拓扑结构；最后讲述了网络的应用。

　　通过对本章的学习，可以为后续章节中数据通信基础知识、计算机网络体系结构与协议的学习奠定良好的基础。

练 习 题

一、填空题

1. 计算机网络是_____技术和_____技术相结合的产物。

2. 现在最常用的计算机网络拓扑结构是_____。

3. 局域网的英文缩写为_____，广域网的英文缩写为_____。

二、选择题

1. 根据计算机网络拓扑结构的分类，Internet 采用的是(　　) 拓扑结构。

A. 总线型　　　　　　B. 星型　　　　　　　C. 树型　　　　　　D. 网状型

2. 随着微型计算机的广泛应用，大量的微型计算机通过局域网连入广域网，而局域网与广域网的互联是通过(　　)实现的。

A. 通信子网　　　　　B. 路由器　　　　　　C. 城域网　　　　　D. 电话交换网

3. 网络是分布在不同地理位置的多个独立的(　　)的集合。

A. 局域网系统　　　　B. 多协议路由器　　　C. 操作系统　　　　D. 自治计算机

4. 计算机网络拓扑是通过网中节点与通信线路之间的几何关系表示网络结构的，它反映出网络中各实体间的(　　)。

A. 结构关系　　　　　B. 主从关系　　　　　C. 接口关系　　　　D. 层次关系

三、简答题

1. 计算机网络的基本功能是什么？

2. 常见的网络拓扑结构有哪些？各自有何特点？

3. 通信子网与资源子网的联系与区别是什么？

第2章　数据通信基础知识

2.1　数据通信的基本概念

　　计算机网络是计算机技术和通信技术的融合，计算机网络的发展离不开通信技术。虽然本章的主要内容通常由硬件实现，程序员和用户并不是必须了解这些技术细节，但万丈高楼平地起，为了搭建网络，以及能够在上层处理这些底层硬件带来的错误，也需要掌握一些基本的数据通信理论。学习本章的内容将会对理解网络最底层的数据通信技术的基本原理和实现方法有很大帮助。

　　数据传输就是数据通信，这是计算机网络最基本、最必要的功能，是实现计算机网络其他功能的基础。计算机使用0、1来表示数据，数据通信考虑的是如何将这些数据通过网络正确而有效地传送到另一台计算机上去被处理或者使用。本章我们从一些数据通信的基本概念开始学习。

一、信息、数据与信号

　　在数据通信领域，信息(Information)、数据(Data)和信号(Signal)是三个最基本和最常用的术语，分别被用于通信的不同层次。

　　信息是最接近人的一层。通信的目的就是实现信息的交换与共享，信息表现为文字、数字、表格、图形、图像或语音等多媒体数据。为了传送这些信息，文字、数字、图形、图像等被表示为二进制代码形式的数据，即许多0、1串，其可以被视为运送信息的载体。数据为了在网络中传送，必须被转化为能够在物理介质上前进的信号，信号可以视为将数据表示为电压、电流之类的物理量的变化。信号是最接近物理介质的一层。我们可以认为，信号就是数据的物理量编码(通常为电编码)。数据的单位为位(Bit)；信号的单位为码元(Code Cell)，即时间轴上一个信号编码单元。

　　另一个常用的术语是消息(Message)，信息是一个泛指的、不可数的概念，当指传递具体的某一条信息时，我们可以使用消息这个名词。

二、模拟信号与数字信号

　　无论是数据还是信号，都可以被分为两种：模拟(Analogous)的和数字(Digital)的。模拟的可以简单理解为时间上连续变化的，无穷多个的值；数字的可以理解为时间上离散的点值，取值域一般是元素个数有限的点集(最常见的是两个，因为计算机使用的数据是二进制)。

声音、光等在介质中传输时都是以正弦载波(Wave Carrier)的形式前进，模拟信号就是类似的正弦波，如图 2.1 所示。例如，当我们说话时，声音以声波的形式传播，声音的大小是连续变化的，因此运送语音信息的信号就应该是模拟的。电话系统就是典型的模拟系统。数字信号一般使用有/无电平，或者正/负电平的不同来表示不同的数据，它被表示为方波形，如图 2.2 所示。

图 2.1　模拟信号波形图　　　　　　　　图 2.2　数字信号波形图

计算机通信的一个很重要的特点就是离散化，而传统通信多为模拟的，这是我们设计使用各种调制技术的根本原因，也是在设计网络时一定要考虑的问题。在学习计算机网络时，我们一定要搞清楚在某处的信号是数字的还是模拟的。

三、信道

信道可以简单地理解为信息传输的通道，它由相应的信息发送设备、信息接收设备和将这些设备连接在一起的传输介质组成。信道一般具有方向性，也就是说，两台机器 A、B 之间的信道一般有两条，一条用于 A 发送 B 接收，另一条用于 A 接收 B 发送，发送信息的称为发送方，接收信息的称为接收方。

从通信信号形式来看，适用于传送模拟信号的信道被称为模拟信道，适用于传送数字信号的信道被称为数字信道。模拟信道与数字信道的并存也增加了物理层的复杂性。数字信号可以直接通过数字发送器进入数字信道传输，也可以通过调制器调制成模拟信号后使用模拟信道传输，一般来说，数字发送器比调制设备更简单、更廉价。模拟信号可以直接被送入模拟信道传输，也可以使用先进的数字传输与交换设备通过 PCM 编码器转换为数字信号后在数字信道中传输。

四、通信类型

1. 按照通信过程中双方数据流动的方向分类

如果连接 A、B 两台机器的信道允许双方同时向对方传递信息，则称该信道为全双工信道，称此通信方式为双向同时通信或全双工通信。

如果只允许单方向传输信息，如电视、广播等，则称该信道为单工信道，称此通信方式为单向通信或单工通信。

如果双方可以交替发送和接收信息，如对讲机等，则称该信道为半双工信道，称此通信方式为双向交替通信或半双工通信。

2. 按照信号类型分类

如果传输的是模拟信号，则称为模拟通信；如果传输的是数字信号，则称为数字通信。信道也有模拟与数字之分。

3. 按照通信时使用的信道数量分类

数据通信按照通信时使用的信道数量可以分为串行通信和并行通信。串行通信是指将数据按位依次在一个信道上传输；而并行传输是指数据同时在多个并行的信道上传输。串行通信与并行通信示意图见图2.3。

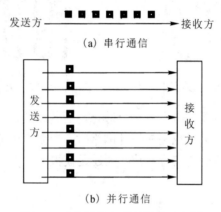

图 2.3　串行通信与并行通信示意图

4. 按照传输技术分类

从广义上讲，有两种类型的传输技术：广播式和点—点式。广播式网络仅有一条通信信道，由网络中的所有机器共享，网络使用一对多的通信方式。也就是说，网络中任何一个机器发送的信号所有机器都能够收到，因此需要有地址字段指明应该由哪台机器接收，也可以指明群发给某些或所有机器。打个比方，教室里教师在讲课，教室里所有的学生都能够听到(收到了通过空气传递的声音信号)，此时，教师说："张三，请你回答这个问题。"("张三"指明了这句话的目的地址)所有学生都听到了这句话，但只有张三同学会回答(响应)。

与广播式通信相反，点—点式通信在一对一的两台计算机之间进行，通信双方的两台计算机独占它们之间的信道。这样，两台机器通信可能需要通过一台或者多台中间机器，一对对机器之间的多条点到点连接可以构成共源站点到目的站点的路径。

局域网通常采用广播通信方式，广域网主要采用点—点通信方式。

5. 传输损耗

传输损耗又叫作失真，如果传输介质是完美的，接收方会收到和发送方完全一样的信号。但是，理想状态是不存在的，实际的传输线路存在三个主要问题：衰减、延迟畸变和噪声。通常，噪声是影响通信质量最主要的损害。

2.2　数据通信系统的主要性能指标

本节介绍了衡量数据通信系统性能的三个主要指标。在数据通信系统中，通常采用信噪比或误码率来衡量数据传输的质量，采用带宽和时延来衡量数据传输的速度。学习时应注意数字信道和模拟信道的衡量指标的异同。

一、信噪比和误码率

对于模拟信道，信道的传输质量一般通过输出的信号功率与噪声功率之比来度量，这个比值被称为信噪比(Signal to Noise ratio)，如果用 S 表示信号功率，N 表示噪声功率，则信噪比用 S/N 表示。为了减小数值的大小，在表示噪声强度时通常不使用信噪比本身，而是使用 $10\lg(S/N)$，其单位为分贝(dB)。如当 S/N 为 100 时，噪声为 20 dB。模拟通信的输出信噪比越高，通信质量越好。

对于数字系统，衡量其可靠性的指标叫作误码率，误码率是指在一个较长时间内的传输比特流中出现错误比特的概率。简单地说，就是比特流在一定时间内的平均出错概率，因此又叫作误比特率。它在数值上近似等于出现错误的比特数和传输的比特总数的比值。

误码率反映了在数字传输过程中信息受到损害的程度，一般取决于信噪比的大小。误码率是随时间变化的，在实际的物理线路传输过程中，需要进行大量的测试，才能求出各种信道的平均误码率。

计算机网络通信的平均误码率要求低于 10^{-9}，选择优良的数字编码和差错控制编码方法，可以在误码率不变的条件下，降低对信噪比的要求，或者说可以在特定信噪比的条件下降低误码率。

二、带宽

带宽，可以直接理解为频带宽度。对于模拟信道，带宽是指该信道上传递的信号所能占据的最大频率范围，是信道频率上界与下界之间的差，其单位有赫(Hz)、千赫(kHz)、兆赫(MHz)等。为了提高带宽，有线通信从明线发展到电缆，无线通信从短波发展到微波，它们都是通过提高载波频率来扩容的。光纤通信所使用的频率比以上使用的频率还要高得多，可使用的带宽更加巨大。

对于数字信道，可以直接使用计算机将信号发送到网络上的速度来衡量网络带宽，具体来说是指计算机在网络中传送数字信号的最高数据率或比特率，有时也称为网络的吞吐量，其单位为比特每秒(bit/s 或 b/s)。我们说到网络带宽时，如无特别说明，指的都是最高数据率，也就是计算机向信道发送数字数据的最高速度，而不是平均数据率。人们常用很不严格但更简单的方法来描述网络带宽，如"线路的带宽是 10 M"，省略了后面的 b/s。

数字信道带宽常用的单位还有 kb/s、Mb/s、Gb/s，通常在计算机领域中，1 KB = 2^{10}B、1 MB = 2^{10}KB、1 GB = 2^{10}MB，但在通信领域中，1 kb/s = 10^3b/s、1 Mb/s = 10^3kb/s、1 Gb/s = 10^3Mb/s。

在实际生活中，还有一个"宽带"的概念，它是指可通过较高数据率的线路，是一个相对的概念，并没有绝对的标准。

三、时延

时延指的是一个分组从网络(或一条链路)的一端(发送方)传送到另一端(接收方)所需的时间。端到端的时延一般由以下三部分组成。

1. 发送时延

发送时延也被称为传输时延，是指一个分组从计算机进入到传输介质所需要的时间，也就是从数据的第一个比特被输入到传输介质开始，到最后一个比特输入完毕所需的时间。它的计算公式为

$$发送时延 = \frac{数据块长度}{信道带宽} \tag{2.1}$$

2. 传播时延

传播时延是指信号在信道中传播一定距离所花费的时间。它的计算公式为：

$$传播时延 = \frac{信道长度}{信号在信道上传播的速率} \tag{2.2}$$

3. 处理时延

处理时延指的是数据在中间交换节点进行存储转发等必要处理所需要的时间。

数据从发送方开始传送到接收方收到最后 1 bit 所需要的总时延就是以上三种时延的和。它的计算公式为

$$总时延 = 发送时延 + 传播时延 + 处理时延 \tag{2.3}$$

注意，传播速率与传输速率(发送速率)跟传播时延与传输时延(发送时延)是完全不同的概念。对于相同频率的信号，传播速度是一直不变的。最终信号先后到达，是因为信号先后从"起点""起跑"，而不是在"跑步"过程中拉开了差距。网络提速提高的通常都是数据的发送速度而不是信号在介质上的传播速度。

网络提速的方法一般是增加网络带宽，这与公路系统中增加车道有很大不同。有人说，信道带宽加大相当于高速公路车道数目增多，同一时刻可以并行行驶更多的车辆，这样虽然汽车的时速并没有提高(这相当于比特在信道上的传播速率没有提高)，但整个公路的运输能力却增多了，相当于能够传送更多数量的比特。这种比喻是不合适的，一定不要误认为增加网络带宽就是设法使更多的信号并行传输。可以这样想象，低速网络相当于车辆驶入公路的时间间隔更大，如每隔10 s有一辆车进入公路，网络提速提高的是车辆进入公路的速度，也就是减小了车辆之间的时间间隔，如提速 10 倍后变成每隔 1 s 有一辆车进入公路。但这个进入速度不可能无限制地提高，否则信号就会相互影响(如同汽车的追尾)，使得接收方收到信号后不能正确还原。这个极限速度可由奈氏定理和香农定理计算。奈氏定理给出的是信道上码元的极限传输速率；香农定理给出的是在考虑噪声(信噪比)的情况下数据的极限传输速率。这两个速率都是不可突破的。

关于时延还有一个有用的概念叫作往返时延，顾名思义，就是信号从源站点出发，到达目的站点，再返回到出发点所用的时间之和。

2.3　传 输 介 质

本节介绍了双绞线、光纤、微波等主要传输介质的性质、特点与应用。这些传输介质可以大体分为两类：导向传输介质和非导向传输介质，我们通常称之为有线与无线方式。

任何信息从一台机器传输到另一台机器都需要借助物理上的传输介质，如借助电流通过导线传送数据；借助无线电波在空中传送数据。传输介质也被称为传输媒体，是网络中连接收发双方的物理通路，也是通信中实际传送数据的载体。

一、有线传输介质

实际中常用的有线传输介质有双绞线、同轴电缆和光纤 3 种。

1. 双绞线

双绞线由相互绝缘的一对铜导线绞扭在一起组成，如图 2.4 所示。两根绝缘的铜导线按一定密度互相绞在一起，每一根导线在传输中辐射的电波会被另一根线上发出的电波抵消，减少线对之间的电磁干扰。常用的双绞线是四对，也有更多对双绞线放在一个电缆套管里的，这些统称为双绞线电缆。

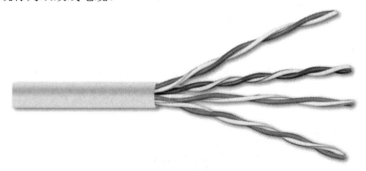

图 2.4　非屏蔽双绞线

双绞线仅适用于点到点的连接，不能用于多点连接，一般用于与用户桌面连接。双绞线和网络设备连接时，接口采用 RJ-45 接头(又称水晶头)。

1) 双绞线分类

按结构分类，双绞线可分为屏蔽双绞线 STP(Shielde Twisted Pair)和非屏蔽双绞线 UTP(Unshielde Twisted Pair)。屏蔽双绞线将绞扭后的导线用铝箔包裹，以提高抗电磁干扰的能力。

按性能分类，双绞线可分为 1 类线、2 类线、3 类线、4 类线、5 类线、超 5 类线和 6 类线，目前常用的有 5 类线、超 5 类线和 6 类线。

5 类线相比 3 类线和 4 类线增加了绕线密度，外套一种高质量的绝缘材料，常用于百兆以太网(100BASE-T)，传输速率为 100 Mb/s，传输距离为 100 m。

超 5 类线相对 5 类线来说衰减更小、串扰更少，具有更小的时延，性能有很大提高。超 5 类线是目前网络布线的主流电缆，主要用于千兆以太网，传输速率为 1000 Mb/s，传输距离为 100 m。

6 类线与超 5 类线相比串扰和回波损耗更小。该类电缆的传输频率最高可以达到 500 MHz，可用于千兆以太网和万兆以太网(10GBASE-T)，传输速率分别为 1000 Mb/s 和 10 000 Mb/s，传输距离为 100 m。

2) 直通线与交叉线

双绞线通过 RJ-45 接头与网卡、交换机、路由器等网络设备连接。目前工程中制作接头时的线序标准有 EIA/TIA 的 T568A 和 T568B 两种，如表 2.1 所示。

表 2.1　T568A 标准和 T568B 标准

引脚号	1	2	3	4	5	6	7	8
T568A 标准	白绿	绿	白橙	蓝	白蓝	橙	白棕	棕
T568B 标准	白橙	橙	白绿	蓝	白蓝	绿	白棕	棕

根据上述两种标准制作的双绞线可分为两类：直通线和交叉线。双绞线两端接口使用同一线序标准制作的双绞线称为直通线，直通线常用于计算机网卡和交换机之间的连接。双绞线两端接口分别采用 568A 和 568B 两个标准制作的双绞线称为交叉线，两端的 1、3 和 2、6 线序对应交换，形成交叉。交叉线常用于两台计算机之间的直连或交换机之间的级联。

2. 同轴电缆

同轴电缆以硬铜线为芯，外包一层绝缘材料，绝缘层外用由细铜丝编织成的网状导体包裹，形成屏蔽层，屏蔽层外覆盖一层塑料保护膜，如图 2.5 所示。

图 2.5　同轴电缆

同轴电缆的结构使它具有更宽的带宽和极好的噪声抑制特性。同轴电缆支持点到点的连接，也支持多点连接。目前，在计算机网络中，同轴电缆已被光纤和双绞线取代，但仍被广泛应用于有线电视网。

按传输特性分类，同轴电缆可分为基带同轴电缆和宽带同轴电缆。基带同轴电缆的特性阻抗是 50 Ω，用于数字信号的基带传输，主要用在室内或建筑物内的局域网中。宽带同轴电缆的特性阻抗是 75 Ω，用于模拟信号的宽带传输，支持多路复用，主要用于城域网中。

基带同轴电缆又可分为粗缆和细缆。粗缆的内导体直径约为 10 mm，接口是 AUI，传输距离约为 500 m，适用于大型局域网。其优点是传输距离远，可靠性高；缺点是必须使用收发器，电缆粗硬，安装难度大，总体造价高。粗缆安装如图 2.6 所示。

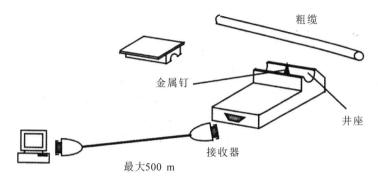

图 2.6 收发器和粗缆的安装

细缆的内导体直径约为 5 mm，接口是 BNC，传输距离约为 185 m，一般用于与用户桌面连接。其优点是安装容易，造价低；缺点是安装需要 T 型连接器，需要将细缆截断，接入点越多，断点就越多，越容易产生接触不良。细缆安装示意图见图 2.7。

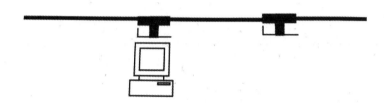

图 2.7 细缆与 T 型连接器的安装

3. 光纤

光纤即光导纤维，是一种能传输光信号的介质，通常由非常透明的石英玻璃构成，其结构由纤芯、包层和保护套组成，如图 2.8 所示。多根光纤加上保护外壳即可组成光缆。光缆根据需要可包含不同数量的多根光纤。根据应用环境的不同，可分为室内光缆和室外光缆。室外光缆的外壳应具备抗拉、防水、耐磨、抗高温等性能，而室内光缆对外壳的性能要求较低。

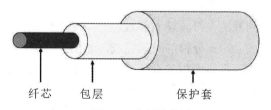

纤芯 包层 保护套
图 2.8 光纤结构图

1) 光纤的分类

光纤可以分为多模光纤和单模光纤。

光纤的纤芯用来传导光波，包层有较低的折射率。当光线从纤芯射向包层时，如果折射角足够大，就会出现全反射，不断重复这个过程，光就沿着光纤传输下去，如图 2.9 所示。如果一条光纤允许多条不同角度射入的光线同时传输，这种光纤称为多模光纤，如图2.10 所示。若光纤的直径减小到只有一个光的波长，则只允许一条光线一直向前传播，而不会产生反射，这样的光纤称为单模光纤，如图 2.11 所示。

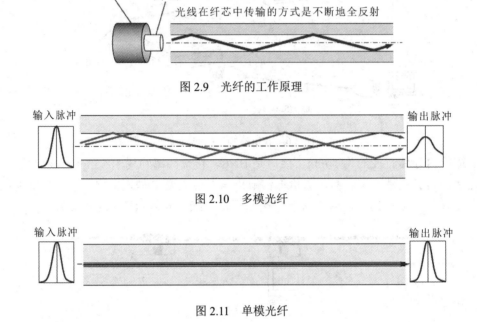

图 2.9　光纤的工作原理

图 2.10　多模光纤

图 2.11　单模光纤

2) 光通信系统的组成

光纤通信系统一般由光发送机、光纤和光接收机 3 部分组成。光发送机将电信号转换为光信号导入光纤，在接收端光接收机将光信号再还原为电信号。全光网络中则不需要光电信号的转换过程。

3) 光纤连接方式

光纤有耦合连接、机械连接和熔接连接 3 种连接方式。

耦合连接是将光纤接入连接头并插入光纤插座进行连接，是一种最常用的连接方式，连接头通常要损耗 10%～20%的光。

机械连接是将两根切割好的光纤顶端对齐放在一个套管中，然后钳起来。机械连接需要专门训练过的技术人员花大约 5 分钟的时间完成，光的损耗大约为 10%。

熔接连接是使用光纤熔接机将两根光纤熔合在一起形成坚实的连接。熔接连接所形成的光纤信号衰减是 3 种方式中最小的，基本上和单根光纤性能相当。

以上 3 种光纤连接方式，结合处都有反射，并且反射的能量会和信号交互作用。

综上所述，双绞线、同轴电缆和光纤这 3 种有线传输介质的传输特性不尽相同，应用场合也有区别。光缆常用于网络的骨干线路，双绞线多用于局域网设备之间的连接，而同轴电缆目前在计算机网络中使用较少。表 2.2 给出了这 3 种介质在以太网中带宽和传输距离等性能的对比。

表 2.2　以太网中 3 种介质传输性能的对比

有线传输介质	最大理论带宽	最大传输距离
50 Ω 同轴电缆(10BASE2 以太网，细缆)	10Mb/s	185m
50 Ω 同轴电缆(10BASE5 以太网，粗缆)	10 Mb/s	500 m
3/4 类非屏蔽双绞线(10BASE-T 以太网)	10 Mb/s	100 m
5 类非屏蔽双绞线(100BASE-TX 以太网)	100 Mb/s	100 m
5 类/超 5 类非屏蔽双绞线(1000BASE-TX 以太网)	1000 Mb/s	100 m
四对双轴同轴电缆(10G BASE-CX4 以太网)	10G Mb/s	15 m
扩展 6 类非屏蔽双绞线(10G BASE-T 以太网)	10G Mb/s	100 m
多模光纤(62.5/125 μm)(100BASE-FX 以太网)	100 Mb/s	2000 m
多模光纤(62.5/125 μm)(1000BASE-SX 以太网)	1000 Mb/s	275 m
多模光纤(50/125 μm)(1000BASE-SX 以太网)	1000 Mb/s	550 m
单模光纤(9/125 μm)(1000BASE-LX 以太网)	1000 Mb/s	5 km
多模光纤(50/125 μm)(10G BASE-SR 以太网)	10 Gb/s	65 m
多模光纤(62.5/125 μm)(10G BASE-LX4 以太网)	10 Gb/s	300 m
单模光纤(10G BASE-LR/LW)	10 Gb/s	10 km
单模光纤(10G BASE-ER/EW)	10 Gb/s	40 km

二、无线传输介质

无线传输介质不需要架设或铺埋缆线，因而在计算机网络中占据了重要地位。无线传输介质所使用的频段很广。图 2.12 表示出了电磁波的频谱及其应用领域。

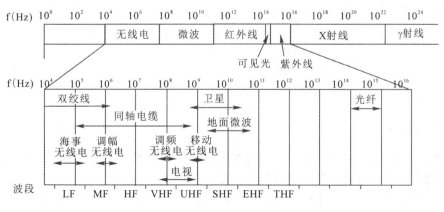

图 2.12　电磁波的频谱及其应用领域

1. 无线电

无线电通信早就广泛应用于广播和电视。ITU-R 将无线电超频率(Radio Frequency)划分为低频(LF)、中频(MF)、高频(HF)、甚高频(VHF)、特高频(UHF)、超高频(SHF)等频段，频率范围为 10 kHz～1GHz。LF 的频率范围为 30～300kHz，MF 的频率范围为 300 kHz～3 MHz，超高频和特高频的频率达到 1 GHz 以上。在低频和中频段，电磁波主要沿着地球表面传播，可以轻易穿透障碍物，但能量随着距离的增加而迅速衰减，传播距离不远。在高频和甚高频波段，如 100 MHz 左右的短波，沿水平传播的电磁波会被地表吸收，但向空间传播的电磁波会被大气层中的电离层反射回地面，传播距离更远。而电离层的不稳定产生的衰落影响和电离层反射所产生的多径效应，使得短波信道的通信质量较差。因此，短波传输数据时，一般都是低速传输。

2. 微波

微波(Microwave)可传输电话、电报、图像、数据等信息。其波段频率高，频率范围宽，信道容量大；且因为工业干扰和天电干扰的主要频谱成分比微波频率低得多，因而微波传输受到的干扰小，质量高。微波是直线传播，没有绕射功能，因此，传播路径上不能有障碍物。微波通信分为地面微波通信与卫星通信两种，尽管两者使用同样的频率，但是传输能力有较大的差别。

1) 地面微波通信

地面微波通信一般采用定向抛物面天线，要求发送方与接收方之间的通路没有障碍物，视线能及。地面微波系统的频率范围为 300 MHz～300 GHz，主要使用 2～40 GHz 的频率范围。由于微波在空间中是直线传输，会穿透电离层进入宇宙空间，而地球表面是个曲面，因此其传输距离受到限制，一般只有 50 km 左右。为了实现远距离通信，必须在两个终端之间建立若干中继站、枢纽站和分路站，如图 2.13 所示。

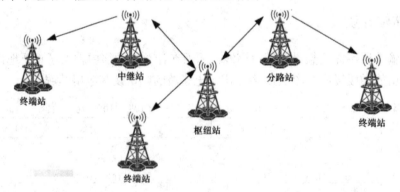

图 2.13　地面微波通信

2) 卫星通信

卫星通信(Satellite Communications)是利用卫星上的微波天线接收地球发送站发送的信号，将信号经过放大后再转发回地球接收站的一种微波接力通信。通信卫星的覆盖范围广，跨度可达 18 000 km，三颗同步卫星就可以覆盖地球。一个典型的通信卫星通常有 12 个转发器，每个转发器的频带宽度为 36 MHz，可用来传输 50 Mb/s 速率的数据。

国际上为卫星划分的频段主要有以下 3 个。

- C 波段：上行 3.7～4.2 GHz，下行 5.925～6.425 GHz。
- Ku 波段：上行 11.7～12.2 GHz，下行 14～14.5 GHz。
- Ka 波段：上行 17.7～21.7 GHz，下行 27.5～30.5 GHz。

卫星通信的主要缺点是由于传输距离远，所以传播延迟大，大约在 500 ms 至数秒之间。

3. 红外线

红外线(Infrared)通常用于近距离、无障碍的数据传输。红外技术采用光发射二极管(LED)、激光二极管(ILD)进行站与站之间的数据交换。最常见的红外系统是遥控器。红外线传输信号可以直接或经过墙面、天花板反射后，被接收装置收到。但其只能在视线距离内进行通信，不能在室外太阳光下使用。

红外线传输设备具有轻巧便携、保密性好、价格低廉等优势，在手机、掌上电脑、笔记本电脑中被广泛使用。红外接口目前有 IrDA1.0 和 IrDA1.1 两种规格。IrDA1.0 支持的传输速度为 2.4～115.2 kb/s，可以代替以往传统的线缆、连接器和串行接口。IrDA1.1 标准将传输速度提高到 1.15～4 Mb/s。

4. 激光

激光(Laser)是一种方向性极好的单色相干光。光空间(FSO，Fee-Space Optics)通信技术是利用激光自身的优点开发的一种无线通信技术，以自由空间作为传输介质，半导体振荡器做光源，以激光束的形式在空间传输信息。FSO 通信具有通信容量大、保密性强、设备结构轻便经济等优点，但也有设备瞄准困难、容易受大气干扰、只能进行直线视距传输、人体可能被激光伤害等缺点。激光通信的主要应用领域有地面间短距离通信和星际通信等。

本 章 小 结

本章介绍的是计算机网络通信的基础理论和技术，是最接近底层硬件的内容，是上层通信与应用建立的基础，对应着七层网络模型的物理层与数据链路层。

数据通信技术是网络技术发展的基础，信息、数据、信号处于数据通信的不同层次。衡量一个网络的主要指标有两个：带宽和时延。在设计一个通信系统时，应确定系统采用串行还是并行的通信方式，信号传送是单工、半双工还是全双工的。按照传输介质上传输的信号类型，信号可以分为模拟信号和数字信号两类，相应的信道和数据通信系统也分为模拟的和数字的。实际通信需要在物理上使用通信介质将收发双方相连，该介质可能是导向的有线形式，如光纤和双绞线，也可能是非导向的，通过自由空间传播，如微波。

本章学习的关键是要理解两台计算机之间的通信是如何发生与完成的：计算机使用 0、1 来表示数据，这些比特数据是如何通过网络正确而有效地传送到另一台计算机上被处理或者使用的。

本章学习时应该特别注意对比性记忆，如"模拟的"与"数字的"、"串行"与"并行"、三种时延、双绞线与光纤等。学习时，应对比其相似与不同之处，进而深入理解各自的特点。

学习这部分内容时，网络性能指标中"发送时延"与"传播时延"的区别、"串行"与"并行"的区别是尤其需要注意的。

另外，通信领域与计算机领域在某些细节上有所不同，在学习过程中应加以区分。

练习题

一、单选题

1. 局域网交换机的某一端口工作于半双工方式时带宽为 100 Mb/s，那么它工作于全双工方式时带宽为(　　)。

　　A. 50 Mb/s　　　　　　B. 100 Mb/s　　　　　C. 200 Mb/s　　　　　D. 400 Mb/s

2. 计算机网络的"带宽"是数字信道的(　　)。

　　A. 最高数据率　　　B. 最快传播速度　　　C. 频带宽度　　　D. 物理尺寸

3. 如果网络系统发送 1 bit 数据所用的时间为 10^{-7}s，那么它的数据传输速率为(　　)。

　　A. 10 Mb/s　　　　　　B. 100 Mb/s　　　　　C. 1 Gb/s　　　　　D. 10 Gb/s

4. 发送数据时，数据块从节点进入传输介质所需要的时间是(　　)。

　　A. 发送时延(传输时延)　　B. 传播时延　　　C. 信道带宽　　　D. 信号传输速率

5. 不属于非导向传输方式的是(　　)。

　　A. 红外线　　　　　　B. 紫外线　　　　　C. 微波　　　　　D. 无线电

二、判断题

1. 网络提速提高的是信号在线路上的传播速度。

2. 双绞线由于抗干扰力强、传输速率高、传输损耗小得到广泛使用。

3. 通信方式分为单工、半单工、半双工和双工四种。

三、简答题

1. 请举一个例子，说明信息、数据与信号之间的关系。

2. 网络吞吐量与网络时延有何关系？信道数据率提高，就能够增大吞吐量，此时发送时延降低，传播时延不变，所以整个时延减小这种说法正确吗？

四、操作题

1. 根据实际制作结果填写交叉线两端的连线情况。连线是否正确？如不正确。为什么？

连接号	第 1 对	第 2 对	第 3 对	第 4 对	第 5 对	第 6 对	第 7 对	第 8 对
A 端 RJ-45								
B 端 RJ-45								

2. 根据实际制作结果填写直通线两端的连线情况。连线是否正确？如不正确，为什么？

连接号	第 1 对	第 2 对	第 3 对	第 4 对	第 5 对	第 6 对	第 7 对	第 8 对
A 端 RJ-45								
B 端 RJ-45								

3. 描述直通线和交叉线在测试仪上两端指示灯怎样闪亮，网线才算制作合格。

第3章　计算机网络体系结构

3.1　计算机网络体系结构概述

一、为什么需要计算机网络体系结构

众所周知，计算机网络是个非常复杂的系统，连接在网络上的任意两台计算机要进行传送数据都必须完成很多工作。比如：

- 两台计算机之间必须有一条传送数据的通路；
- 要有能够告诉网络怎样识别和接收数据的计算机；
- 发起通信的计算机必须保证要传送的数据能在这条通路上正确发送和接收；
- 对出现的各种差错和意外事故，如数据传送错误、网络中某个节点交换机出现问题等，应该有可靠完善的措施保证对方计算机最终能正确接收到数据。

由此可见，相互通信的两个计算机系统必须高度协调工作才行，而这种协调是相当复杂的。计算机网络体系结构标准的制定正是为了解决这些问题，从而让两台计算机(网络设备)可以像两个知心朋友那样准确理解对方的意思并做出准确的回应。

二、计算机网络体系结构设计基本思想

1. 分层思想

1) 分层思想在日常生活中的应用

日常生活中，当人们遇到复杂的问题时，往往通过一定的方法将这个庞大而复杂的问题转化为若干较小的、容易处理的、单一的局部问题，然后在不同层次上予以解决，这也就是我们所熟悉的分层思想，我们以邮政系统的组织结构(图 3.1)来进行说明。

从图中可以看出，整个信件传递任务需要分成几个层次完成，每个层次负责完成特定的功能。发信人和收信人的通信依赖于下层的服务，可是他们并不需要关心信件如何处理、如何运输等细节。也就是说，寄信者仅仅需将写好的信交给邮局，而收信者仅仅需从邮递员手中查收信件就可以了。同理，邮局服务层次仅仅负责收集信件并盖戳、分拣，交给邮局转送层次，而不需要关心信件是用哪国文字书写的，不需要关心信件如何打包，如何送到运输部门。显然，在这个邮政系统中，各个角色在功能上相互独立却又能协调合作达成一种"高度默契"，这在很大程度上得益于分层思想的应用。

实际上，一个庞大又复杂的系统必然存在着对分层思想的应用，计算机网络体系结构就采用了分层结构。

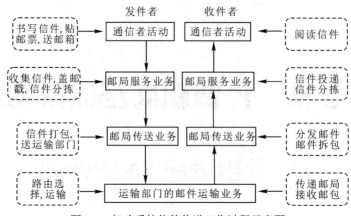

图 3.1　邮政系统信件传递工作过程示意图

2) 分层思想的优点

(1) 独立性强。上层仅需通过下层为上层提供的接口来使用下层所实现的服务，而不需要关心下层的详细活动过程。

(2) 适应性强。只要每层为上层提供的服务和接口不变，每层的活动细节可以随意改变。

(3) 易于实现和维护。把复杂的系统分解成若干个涉及范围小且功能简单的子单元，从而使得系统结构更清晰，实现、调试和维护都变得简单。也就是说，对于设计/开发者而言，这样的方法使他们可以专心设计和开发他们所关心的功能模块；对于调试/维护人员而言，这样的方法也方便他们去处理他们所负责的功能模块。

2. 分层需要考虑的问题

(1) 网络体系结构应该分为几个层次，每个层次都负责哪些功能？

(2) 各个层次之间的关系是怎样的，它们又是怎样进行交互的？

(3) 要想确保通信的两方可以达成高度默契，它们需要遵循哪些规则？

三、计算机网络体系结构定义

1. 基本概念

1) 网络协议

在计算机网络中要做到有条不紊地交换数据，就必须遵守一些事先约定好的规则。这些为进行网络中的数据交换而建立的规则、标准或约定的集合称为网络协议，简称为协议。网络协议主要由三个要素组成。

(1) 语法：确定用户数据与控制信息的结构与格式(怎么做)；

(2) 语义：规定通信的双方发出何种控制信息，完成何种动作以及做出何种响应(做什么)；

(3) 同步：规定通信双方何时进行通信，即事件实现顺序的详细说明(何时做)。

2) 接口

接口是相邻两层间交换信息的连接点，是一个系统内部的规定。每一层只能为紧邻的层次之间定义接口，不能跨层定义接口。

3）服务

服务是由下层向上层通过层间接口提供的功能，接口是服务的传递者，通过接口可以实现下层对上层提供服务。

4）实体、对等实体和对等层

实体表示任何可发送或接收信息的硬件或软件进程，两个不同系统的同一层次称为对等层，在发送端与接收端同一层次中的实体称为对等实体。

它们之间的关系如图 3.2 所示。

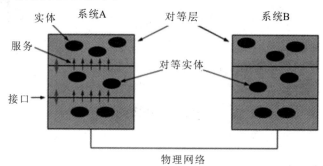

图 3.2　实体、对等实体、接口、服务、对等层的关系

2. 计算机网络体系结构定义

计算机网络中的层次、各层的协议以及层间的接口的集合统称为网络体系结构，如图 3.3 所示。

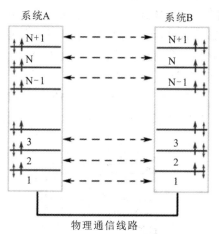

图 3.3　网络体系结构图

网络中任何一个系统都是依照图 3.3 中的层次结构来组织的，该结构具有以下特点：

- 同一网络中，任意两个端的系统必须具有相同的层次；
- 每层使用其下层提供的服务，并向其上层提供服务；
- 通信仅仅在对等层间进行，当然这里所指的通信是间接的、逻辑的、虚拟的，非对等层之间不能互相"通信"；
- 实际的物理通信仅仅在最底层完成；
- P_n 代表第 n 层的协议，即第 n 层对等实体间通信时必须遵循的规则或约定。

可以通过图 3.4 的邮政系统层次结构图帮助理解。

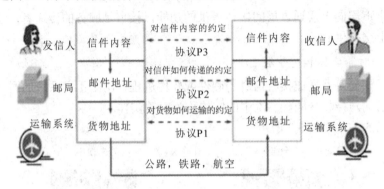

图 3.4　邮政系统层次结构图

3.2　OSI 参考模型

一、OSI 参考模型的产生

在计算机网络产生初期，每个计算机厂商都有一套自己的网络体系结构，它们之间互不相容。为了使不同厂商的计算机能够互相通信，以便在更大的范围内建立计算机网络，需要建立一个国际范围的网络体系结构标准。

国际标准化组织(ISO)在 1979 年建立了一个分委员会来专门研究一种用于开放系统互联(OSI，Open Systems Interconnection)的体系结构。"开放"这个词表示：只要遵循 OSI 标准，一个系统可以和位于世界上任何地方的、也遵循 OSI 标准的其他任何系统进行连接。OSI 参考模型定义了连接异种计算机的标准框架。

OSI 参考模型将计算机网络分为 7 层，分别是物理层、数据链路层、网络层、传输层、会话层、表示层和应用层，每层完成一定的功能，如图 3.5 所示。

图 3.5　OSI 参考模型

二、OSI 参考模型各层的主要功能

1. 物理层(Physical Layer)

在 OSI 参考模型中，物理层是参考模型的最底层，它虽然处于最底层，却是整个开放系统的基础。物理层的主要功能是完成相邻节点之间原始比特流的传输，主要关心如何传输信号，规定了各种传输介质和接口与传输信号相关的一些特性。

1) 机械特性

也叫物理特性，指明通信实体间硬件连接接口的机械特点，如接口所用接线器的形状和尺寸、引线数目和排列、固定和锁定装置等，这很像平时常见的各种规格的电源插头，其尺寸都有严格的规定。

2) 电气特性

规定了在物理连接上，导线的电气连接及有关电路的特性，一般包括接收器和发送器电路特性的说明、信号的识别、最大传输速率的说明、与互连电缆相关的规则、发送器的输出阻抗、接收器的输入阻抗等电气参数等。

3) 功能特性

指明物理接口各条信号线的用途(用法)，包括接口线功能的实现方法，接口信号线的功能分类——分为数据信号线、控制信号线、定时信号线和接地线 4 类。

4) 规程特性

指明利用接口传输比特流的全过程及各项用于传输的事件发生的合法顺序，包括事件的执行顺序。

最后要强调的是，物理层是解决怎么才能在连接各种计算机相关传输媒体上传输数据比特流的问题，而不是指连接计算机的具体物理设备或传输媒体，它是有关物理设备通过物理媒体进行互联的描述和规定，主要解决如何利用物理媒体走每一步的问题。

2. 数据链路层(Data Link Layer)

数据链路层位于物理层和网络层之间，主要负责在两个相邻节点间的线路上，无差错地传送以帧为单位的数据，每一帧包括一定数量的数据和一些必要的控制信息。和物理层相似，数据链路层要负责建立、维持和释放数据链路的连接。在传送数据时，如果接收点检测到所传数据中有差错，就要通知发送方重发这一帧。

3. 网络层(Network Layer)

网络层(Network Layer)是 OSI 模型的第三层，它是 OSI 参考模型中最复杂的一层。在 OSI 模型中，通信子网由物理、数据链路层和网络层组成，网络层是通信子网中的最高层，也是主机和通信子网的接口。网络层的主要功能是实现对数据包的路由选择，以便数据包能够从发送方经过一条较优的路径到达接收方。除了路由选择功能，网络层还具有拥塞控制和网络互连的功能。

4. 传输层(Transport Layer)

OSI 参考模型的下三层(物理层、数据链路层和网络层)的主要任务是数据通信,上三层(会话层、表示层和应用层)的主要任务是数据处理,而传输层恰好是 OSI 模型中间的第四层,是通信子网和资源子网的接口和桥梁,起到承上启下的作用。该层的主要任务是向用户提供可靠的端到端的差错和流量控制,保证报文的正确传输。网络层能把要传送的数据定位到具体的计算机,而传输层能把数据定位到具体计算机的具体程序。

5. 会话层(Session Layer)

会话层(Session Layer)是 OSI 模型的第五层,是用户应用程序和网络之间的接口,负责在网络中的两个节点之间建立、维持和终止通信。会话层的功能包括建立通信链接,保持会话过程中通信链接的畅通,同步两个节点之间的对话,决定通信是否被中断以及通信中断时从何处重新发送等。

6. 表示层(Presentation Layer)

表示层是 OSI 模型的第六层,它对来自应用层的命令和数据进行解释,以确保一个系统的应用层所发送的信息可以被另一个系统的应用层读取。例如,PC 程序与另一台计算机进行通信,其中一台计算机使用扩展二进制编码的十进制交换码(EBCDIC),而另一台则使用美国信息交换标准码(ASCII)来表示相同的字符。这时表示层会实现多种数据格式之间的转换。也就是说,表示层的主要功能是处理用户信息的表示问题,如编码、数据格式转换和加密解密等。

7. 应用层(Application Layer)

应用层(Application Layer)是 OSI 参考模型的最高层,它是计算机用户以及各种应用程序和网络之间的接口,其功能是直接向用户提供服务并完成用户希望在网络上完成的各种工作。应用层在其他六层工作的基础上,负责完成网络中应用程序与网络操作系统之间的联系,建立与结束使用者之间的联系,并完成网络用户提出的各种网络服务及应用所需的监督、管理和服务等各种协议。此外,应用层还负责协调各个应用程序间的工作。

3.3　TCP/IP 体系结构

一、TCP/IP 体系结构概况

TCP/IP 参考模型是计算机网络的前身阿帕网和其后继的因特网使用的参考模型,TCP/IP 是一个协议系列,TCP 和 IP 是其中最基本和最重要的协议,它的开发工作始于20 世纪 70 年代,早于 OSI 参考模型,这个体系结构在它的两个主要协议出现以后,被称为 TCP/IP 参考模型(TCP/IP reference model)。

TCP/IP 参考模型也采用了分层的体系结构,共分为四层,从下到上分别是网络接口层、网络层、传输层和应用层,与 OSI 参考模型的对应关系如图 3.6 所示。

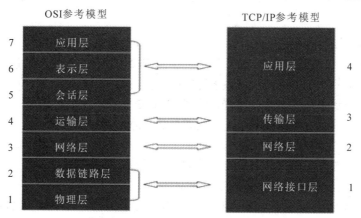

图 3.6　OSI 参考模型与 TCP/IP 参考模型的层次对应关系

二、TCP/IP 体系结构各层的主要功能

1. 网络接口层

网络接口层与 OSI 参考模型中的物理层和数据链路层相对应，是 TCP/IP 参考模型的最底层。网络接口层的功能是接收和发送 IP 数据包，并负责与网络中的传输介质打交道。对于发送数据的源主机来说，网络接口层的功能是接收 IP 数据包并通过特定的网络进行传输；对于接收数据的目的主机来说，网络接口层的功能是从网络上接收数据，抽取出 IP 数据包并转交给网络层。

2. 网络层

网络层是整个体系结构的关键部分，负责相邻计算机之间(即点对点)的通信，包括处理来自传输层的发送分组请求，检查并转发数据包并处理与此相关的路径选择、流量控制及拥塞控制等问题，让每一块数据包都能够到达目的主机(但不检查是否被正确接收)。

3. 传输层

传输层解决的是"端到端"的通信问题，即应用程序之间的通信，主要功能是数据格式化、数据确认和丢失重传等。传输层定义两种不同的协议：传输控制协议(TCP)与用户数据报协议(UDP)。TCP 是一种可靠的、面向连接、面向字节流的传输层协议，提供比较完善的流量控制与拥塞控制的功能；UDP 是一种不可靠的、无连接的传输层协议。

4. 应用层

应用层是 TCP/IP 参考模型的最高层，对应 OSI 参考模型的会话层、表示层和应用层。它负责向用户提供一组常用的应用程序，比如电子邮件、文件传输访问、远程登录等。

三、OSI 参考模型与 TCP/IP 体系结构各层的比较

1. 相似点

两者都以协议的概念为基础，都采用层次结构并存在可比的传输层和网络层，都是下层给上层提供服务，虽然一个是概念上的模型，一个是事实上的标准，但是对于计算机网络的发展同样具有重要性。

2. 不同点

(1) OSI 参考模型有 7 层，而 TCP/IP 参考模型只有四层；

(2) OSI 模型的网络层同时支持无连接和面向连接的通信，但是传输层上只支持面向连接的通信；TCP/IP 模型的网络层只提供无连接的服务，但在传输层上同时支持两种通信模式；

(3) OSI 模型是先有模型后有协议，而 TCP/IP 是先有协议后有模型；

(4) OSI 模型的网络功能在各层的分配差异大，链路层和网络层过于繁重，表示层和会话层又太轻简，TCP/IP 模型则相对比较简单。

(5) OSI 模型的有关协议和服务定义太复杂且冗余，如流量控制、差错控制、寻址在很多层重复，很难且没有必要在一个网络中全部实现，TCP/IP 模型则没什么重复。

OSI 参考模型是国际标准，是一种比较完善的体系结构，每个层次之间的关系比较密切，但又存在一些重复，它是一种过于理想化的体系结构，在实际的实施过程中有比较大的难度，但它却很好地提供了一个体系分层的参考，有着很好的指导作用。TCP/IP 体系结构层次相对要简单得多，因此在实际的使用中比 OSI 参考模型更具有实用性，所以它得到了更好的发展。现在的计算机网络大多是 TCP/IP 体系结构，但这并不表示它就是完整的体系结构，它也同样存在一些问题，也许随着网络的发展，它会发展得更加完美。

3.4　数据的封装与解封装

一、实例导入

A 公司的经理要给 B 公司的经理写信，整个流程如图 3.7 所示。

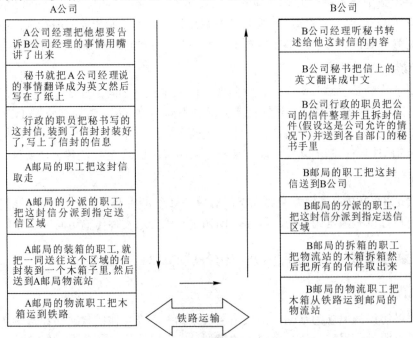

图 3.7　信件传递的具体流程

由上图中的实例可以发现,信件并不是直接从 A 公司经理手里直接交给 B 公司经理的,而是从上到下经过不同的层次到达底端,通过传输介质传递给对方,然后再从下到上经过不同的层次到达目的位置。每一个层次完成一定的功能,双方对应的层次完成相同的功能。在计算机网络通信中,数据传输与信件传输类似。

二、数据封装与解封装

在 OSI 参考模型中,当一台主机需要传送用户的数据时,数据首先通过应用层的接口进入应用层。在应用层,用户的数据被加上应用层的报头(AH,Application Header),形成应用层协议数据单元(PDU,Protocol Data Unit),然后被递交到下一层——表示层,表示层并不"关心"上层——应用层的数据格式,而是把整个应用层递交的数据包看成是一个整体进行封装,即加上表示层的报头(PH,Presentation Header),然后递交到下一层——会话层。同样,会话层、传输层、网络层、数据链路层也都要分别给上层递交下来的数据加上自己的报头,它们是:会话层报头(SH,Session Header)、传输层报头(TH,Transport Header)、网络层报头(NH,Network Header)和数据链路层报头(DH,Data link Header)。其中,数据链路层还要给网络层递交的数据加上数据链路层报尾(DT,Data link Termination)形成最终的一帧数据,最后物理层把最终数据转换成适合在传输介质中传输的比特流,通过传输介质传到目的端,这个从上到下的过程称为数据封装。

当数据通过传输介质传送到目标主机的物理层时,目标主机的物理层把它递交到上层——数据链路层。数据链路层负责去掉数据帧的帧头部 DH 和尾部 DT(同时还进行数据校验),如果数据没有出错,则递交到上层——网络层,同样,网络层、传输层、会话层、表示层、应用层也要做类似的工作。最终,原始数据被递交到目标主机的具体应用程序中。这种从下到上的过程称为数据解封装。数据封装和解封装的过程如图 3.8 所示。

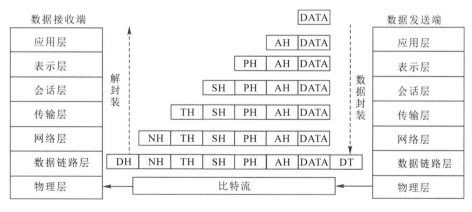

图 3.8 数据封装和解封装的过程

本 章 小 结

本章主要介绍计算机网络体系结构设计的思想以及OSI和TCP/IP两种常见的计算机网

络体系结构;介绍了 OSI 参考模型和 TCP/IP 参考模型的分层结构、各层功能和两者的异同;介绍了通信过程中数据的封装和解封装过程。

练 习 题

一、填空题

1. 一个网络协议主要由语法、_____及 _____三要素组成。
2. TCP/IP 模型由低到高分别为_____层、_____层、_____层、_____层。
3. 在 OSI 参考模型中，数据加密和压缩等功能是在_____层实现的。

二、简答题

1. 为什么计算机网络体系结构要采用分层结构?
2. OSI 和 TCP/IP 有何异同?
3. 简述数据封装和解封装的过程。

第 4 章　网络互联基础知识

4.1　网络连接基础技术

要组建一个基本的网络，只需要一台集线器(Hub)或一台交换机、几块网卡和几十米UTP 电缆就能完成。这样搭建起来的小型网络虽然简易，却是全球存在数量最多的网络。在那些只有二三十人的小型公司、办公室、分支机构中，都能看到这样的小型网络。

事实上，这样的简单网络是更复杂的网络的基本单位。把这些小的、简单的网络互连到一起，就形成了更复杂的局域网 LAN；再把局域网互连到一起，就组建出广域网 WAN。

如图 4.1 所示，用一个集线器(Hub)就可以将数台计算机连接到一起，使计算机之间可以互相通讯。在购买一台集线器后，只需要简单地用双绞线电缆把各台计算机与集线器连接到一起，并不需要再做其他事情，一个简单的网络就搭建成功了。

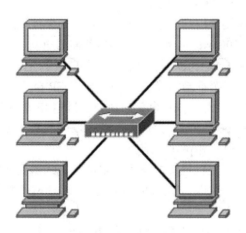

图 4.1　简单的网络连接

集线器的功能是帮助计算机转发数据包，它是最简单的网络设备，价格也非常便宜，通常一个 24 口的集线器只需要几百元钱。

集线器的工作原理非常简单。当集线器从一个端口收到数据包时，它便简单地把数据包向所有端口转发。于是，当一台计算机向另外一台计算机发送数据包时，集线器把这个数据包转发给了所有计算机。

发送主机发送出的数据包有一个报头，报头中装着目标主机的地址(称为 MAC 地址)，只有 MAC 地址与报头中封装的目标 MAC 地址相同的计算机才接收数据包。所以，尽管源主机的数据包被集线器转发给了所有计算机，但是只有目标主机才会接收这个数据包。

一、数据封装——计算机网络通信的基础

从上面的描述中我们可以看出，一个数据包在被发送前，主机需要为每个数据段封装报头。在报头中，最重要的东西就是地址。

如图 4.2 所示，数据报在被传送之前，需要被分成一个个的数据段，然后为每个数据段封装上三个报头(帧报头、IP 报头、TCP 报头)和一个报尾。

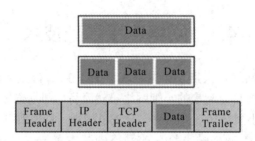

图 4.2　数据报的分段与封装

被封装好了报头和报尾的一个数据段，被称为一个数据帧。

将数据分段的目的有两个：便于数据出错重发和通信线路的争用平衡。

如果在通讯过程中数据出错，则需要重发数据。如果一个 2M bytes 的数据报没有被分段，一旦出现数据错误，就需要将整个 2M bytes 的数据重发；而如果将之划分为数个 1500 byte 的数据段，则只需要重发出错的数据段即可。

当多个主机的通讯需要争用同一条通信线路时，如果数据报被分段，争用到通信线路的主机将只能发送一个 1500 byte 的数据段，然后就需要重新争用。这样就避免了一台主机独占通信线路，进而实现多台主机对通信线路的平衡使用。

一个数据段需要封装三个不同的报头——帧报头、IP 报头和 TCP 报头。帧报头中封装了目标 MAC 地址和源 MAC 地址；IP 报头中封装了目标 IP 地址和源 IP 地址；TCP 报头中封装了目标 port 地址和源 port 地址。因此，一个局域网的数据帧中封装了 6 个地址：一对 MAC 地址、一对 IP 地址和一对 port 地址。

前面已经介绍了 MAC 主机地址的使用，知道用集线器连网的时候，不管是不是发送给本主机的数据报，它都会发送到本主机的网卡上来，由网卡判断这一帧数据是否是发给自己的，需不需要接收。

除了 MAC 地址外，每台主机还需要有一个 IP 地址。为什么一个主机需要两个地址呢？因为 MAC 地址只是给主机地址编码，当搭建更复杂的网络时，我们不仅要知道目标主机的地址，还需要知道目标主机在哪个网络上。因此，我们还需要目标主机所在网络的网络地址。IP 地址中就包含有网络地址和主机地址两个信息。当数据报要被发给其他网络的主机时，互联网络的路由器设备需要查询 IP 地址中的网络地址部分的信息，以便选择准确的路由，把数据发往目标主机所在的网络。可以理解为：MAC 地址用于网段内寻址，而 IP 地址用于网间寻址。

当数据通过 MAC 地址和 IP 地址联合寻址到达目标主机后，目标主机需要把这个数据交给某个应用程序去处理，例如邮件服务程序、浏览器程序(如大家熟悉的 IE)。报头中的

目标端口地址(port 地址)正是用来为目标主机指明它该用什么程序来处理接收到的数据的。

由此可见，要完成数据的传输，需要三级寻址：MAC 地址——网段内寻址；IP 地址——网间寻址；端口地址——应用程序寻址。

一个数据帧的尾部，有一个帧报尾。报尾用于检查一个数据帧从发送主机传送到目标主机的过程中是否完好。报尾中存放的是发送主机放置的称为 CRC 校验的校验结果。接收主机将用同样的校验算法计算的结果与发送主机的计算结果比较，如果两者不同，说明本数据帧已经损坏，需要丢弃。

目前流行的帧校验算法有循环冗余(Cyclic Redundancy Check)校验、奇偶(Two-dimensional parity)校验和网际校验和(Internet checksum)校验。

二、MAC 主机地址

MAC 地址(Media Access Control ID)是一个 6 字节的地址码，每块主机网卡都有一个 MAC 地址，由生产厂家在生产网卡的时候固化在网卡的芯片中。

如图 4.3 所示的 MAC 地址 00-60-2F-3A-07-BC 的高 3 个字节是生产厂家的企业编码 OUI，例如 00-60-2F 是思科公司的企业编码；低 3 个字节 3A-07-BC 是随机数。MAC 地址以一定概率保证一个局域网网段里的各台主机的地址唯一。

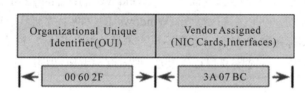

图 4.3　MAC 地址的结构

有一个特殊的 MAC 地址：**ff-ff-ff-ff-ff-ff**，这个二进制全为 1 的 MAC 地址是个广播地址，表示这帧数据不是发给某台主机的，而是发给所有主机的。

在 Windows 2000 主机上，可以在"命令提示符"窗口用 Ipconfig/all 命令查看到本机的 MAC 地址。

由于 MAC 地址是固化在网卡上的，因此如果更换主机里的网卡，这台主机的 MAC 地址也就随之改变了。MAC 是 Media Access Control 的缩写，MAC 地址也称为主机的物理地址或硬件地址。

三、网络适配器——网卡

网卡(NIC，network interface card)安装在主机中，是主机向网络发送和从网络中接收数据的直接设备。

网卡中固化了 MAC 地址，它被烧在网卡的 ROM 芯片中。主机在发送数据前，需要使用这个地址作为源 MAC 地址封装到帧报头中。当有数据到达时，网卡中有硬件比较器电路，将数据帧中的目标 MAC 地址与自己的 MAC 地址进行比较，只有两者相同的时候，网卡才接收这帧数据包。

当然，如果数据帧中的目标 MAC 地址是一个广播地址，网卡也要接收这帧数据包。

网卡接收完一帧数据后,将利用数据帧的报尾(4 个字节长)进行数据校验。校验合格的帧将上交给 IP 程序;校验不合格的帧将会被丢弃。

网卡通过插在计算机主板上的总线插槽上与计算机相连。目前计算机有三种总线类型:ISA、EISA 和 PCI。较新的 PC 一般都提供 PCI 插槽。图 4.4 所示的网卡就是一块 PCI 总线的网卡。

图 4.4　网卡

网卡的一部分功能在网卡上完成,另外一部分功能在计算机里完成。网卡需要在计算机上完成的功能的程序称为网卡驱动程序。Windows 2000、Windows XP 搜集了常见的网卡驱动程序,当把网卡插入 PC 的总线插槽后,Windows 的即插即用功能就会自动配置相应的驱动程序,非常简便。可以用右键点击 Windows 的"网上邻居",选择属性,在窗口中查看"本地连接"图标。如果在窗口中看不见"本地连接"图标,说明 Windows 找不到这种型号的网卡驱动程序。这时需要自己安装驱动程序(网卡驱动程序应在随网卡一起购买的 CD 或软盘中)。

4.2　IP 地址和子网掩码及子网划分

一、Internet IP 地址

与邮政通信一样,网络通信也需要有对传输内容进行封装和注明接收者地址的操作。邮政通信的地址结构是有层次的,要分出城市名称、街道名称、门牌号码和收信人。网络通信中的地址也是有层次的,分为网络地址、物理地址和端口地址。网络地址说明目标主机在哪个网络上;物理地址说明目标网络中哪一台主机是数据报的目标主机;端口地址则指明目标主机中的哪个应用程序接收数据报。我们可以将计算机网络地址结构与邮政通信的地址结构比较起来理解:将网络地址想象为城市和街道的名称;物理地址则比做门牌号码;而端口地址则与同一个门牌下哪个人接收信件很相似。

标识目标主机在哪个网络的是 IP 地址。IP 地址用四个点分十进制数表示,如 172.155.32.120。IP 地址是个复合地址,完整地看是一台主机的地址,只看前半部分则表示网络地址。例如 172.155.32.120 表示一台主机的地址,172.155.0.0 则表示这台主机所在的网络的网络地址。

IP 地址封装在数据报的 IP 报头中。IP 地址有两个用途,一个是网络的路由器设备使用 IP 地址确定目标网络地址,进而确定该向哪个端口转发报文;另一个是源主机用目标主机的 IP 地址来查询目标主机的物理地址。

物理地址封装在数据报的帧报头中。典型的物理地址是以太网中的 MAC 地址。MAC 地址在两个地方使用：主机中的网卡通过报头中的目标 MAC 地址判断网络送来的数据报是不是发给自己的；网络中的交换机通过报头中的目标 MAC 地址确定数据报该向哪个端口转发。其他物理地址的实例是帧中继网络中的 DLCI 地址和 ISDN 中的 SPID。

端口地址封装在数据报的 TCP 报头或 UDP 报头中。端口地址是源主机告诉目标主机本数据报是发给对方的哪个应用程序的。如果 TCP 报头中的目标端口地址指明是 80，则表明数据是发给 WWW 服务程序；如果是 25130，则是发给对方主机的 CS 游戏程序的。

计算机网络是靠网络地址、物理地址和端口地址的联合寻址来完成数据传送的。缺少其中的任何一个地址，网络都无法完成寻址。(点对点连接的通信是一个例外。点对点通信时，两台主机用一条物理线路直接连接，源主机发送的数据只会沿这条物理线路到达另外那台主机，物理地址就没有必要了。)

1. IP 地址管理

IP 地址是一个逻辑地址，也称为虚拟地址，它是由负责全球互联网名称与数字地址分配的机构(ICANN，The Internet Corporation for Assigned Names and Numbers)统一管理。根据 ICANN 的规定，将部分 IP 地址分配给地区级的互联网注册机构(RIR，Regional Internet Registry)，然后由这些 RIR 负责该地区的注册登记服务。

现在，全球一共有五个 RIR：ARIN 主要负责北美地区的业务；RIPENCC 主要负责欧洲地区的业务；LACNIC 主要负责拉丁美洲地区的业务；AfriNIC 主要负责非洲地区的业务；APNIC(Asia pacific Network Information Center)主要负责亚洲、太平洋地区的业务。

在亚太地区，RIR 之下还可以存在一些 IR，如国家级 IR(NIR)，地区级 IR (LIR)，如图 4.5 所示。这些 IR 都可以从 APNIC 得到 Internet 地址及号码，向其各自的下级进行分配。APNIC 对 IP 地址的分配采用会员制，直接将 IP 地址分配给会员单位。中国互联网络信息中心(CNNIC，China Internet Network Information Center)以国家 NIC 的身份于 1997 年 1 月成为 APNIC 的联盟会员，是我国最高级别的 IP 地址分配机构。

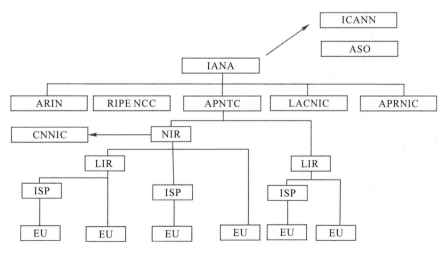

图 4.5　IP 地址管理与分配机构

2. IP 地址的结构和组成

一个互联网包含了多个网络，每个网络又包含多台主机，所以，互联网具有层次结构。与互联网的层次结构对应，网络使用的 IP 地址也采用层次结构，如图 4.6 所示。

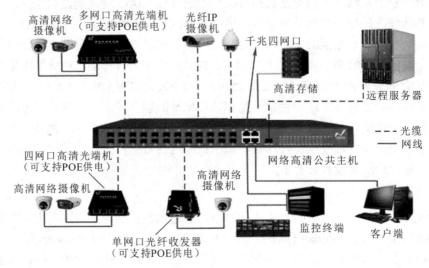

图 4.6　网络结构

IP 地址由网络号和主机号组成。网络号 Net ID 用来标识互联网中的一个特定网络，主机号 Host ID 则用来表示该网络中的主机的一个特定连接。在一个局域网里，所有主机的 Net ID 必须相同，只是其 Host ID 不同而已。IPv4 地址是用于主机之间通信的 32 位二进制数，共有四个字节。IPv4 使用十进制数来描述地址，即由四个八位字节组成(32 位)，地址的开始部分是网络地址，随后是主机地址。

如用二进制描述的 32 位地址：01010110100010000000000100101111，为了方便阅读，将这 32 位地址进行分组(八位为一组)：

第一组：01010110；

第二组：10001000；

第三组：00000001；

第四组：00101111。

最后，将每个 8 位数据转换成十进制数，并用小数点隔开，就形成了我们平常使用的 IP 地址。如上述地址的十进制地址为：86.136.1.47。与二进制位串相比，该 IP 地址则简洁多了。

3. IP 地址的分类

互联网既由少数大的网络构成，又由许多小的网络构成。因此，设计人员必须选择一个能满足大网络和小网络组合的折中编址方案。此方案将 IP 地址空间划分成五类，即 A 类、B 类和 C 类三个基本类，以及用于组播传输的 D 类和保留将来使用的 E 类。每类地址各由不同长度的前缀(网络号)和后缀(主机号)组成。五类 IP 地址的构成情况如图 4.7 所示。

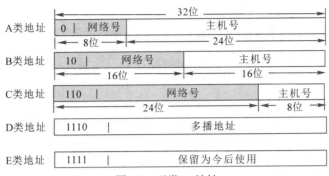

图 4.7　五类 IP 地址

1) A 类 IP 地址

该类地址适用于大型网络，其地址范围为 1.0.0.0～127.255.255.255。A 类 IP 地址的四段号码中，第一段为网络号，剩下的三段为主机号。如果用二进制表示 IP 地址，A 类 IP 地址由一字节网络地址和三字节主机地址组成，网络地址的最高位必须是"0"。A 类 IP 地址中网络的标识长度为 7 位，主机标识长度为 24 位，A 类网络地址数量较少，可以用于主机数达 1600 多万台的大型网络。

2) B 类 IP 地址

该类地址适用于中型网络，其地址范围为 128.0.0.0～191.255.255.255。B 类 IP 地址的四段号码中，前两段为网络号，后两段为主机号。如果用二进制表示 IP 地址，B 类 IP 地址由两字节网络地址和两字节主机地址组成，网络地址的最高位必须是"10"。B 类 IP 地址中网络的标识长度为 14 位，主机标识长度 16 位，B 类网络地址适用于中等规模的网络，每个网络所能容纳的计算机数为 6 万多台。

3) C 类 IP 地址

该类地址适用于小型网络，其地址范围为 192.0.0.0～223.255255.255。C 类 IP 地址的四段号码中，前三段为网络号，最后一段为主机号。如果用二进制表示 IP 地址，C 类 IP 地址由三字节网络地址和一字节主机地址组成，网络地址的最高位必须是"110"。C 类 IP 地址中网络的标识长度为 21 位，主机标识长度为 8 位，C 类网络地址数量较多，适用于小规模的局域网络，每个网络最多只能包含 254 台计算机。

一个 IP 地址分为两部分：网络地址码部分和主机码部分。A 类 IP 地址用第一个字节表示网络地址编码，后三个字节表示主机编码。B 类地址用第一、二两个字节表示网络地址编码，后两个字节表示主机编码。C 类地址用前三个字节表示网络地址编码，最后一个字节表示主机编码。如图 4.8 所示。

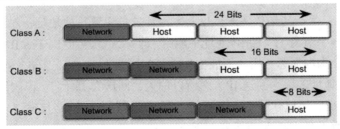

图 4.8　IP 地址的网络地址码部分和主机码部分

A、B、C 三类 IP 地址的区别如表 4.1 所示。

表 4.1　A、B、C 三类 IP 地址的区别

类　别	第一字节范围	网络地址位数	主机地址位数	适用的网络规模
A	1～126	7	24	大型网络
B	128～191	14	16	中型网络
C	192～223	21	8	小型网络

4) D 类 IP 地址

该类 IP 地址格式中的前四位为"1110"，其地址范围为 224.0.0.0～239.255.255.255，主要用作多点播送。

5) E 类 IP 地址

该类 IP 地址格式中的前五位为"11110"，其地址范围为 240.0.0.0～247.255.255.255，主要用于科学研究，同时为将来保留。

A、B、C 类地址是我们最常用来为主机分配的 IP 地址。D 类地址用于组播组的地址标识。E 类地址是 Internet Engineering Task Force (IETF)组织保留的 IP 地址，用于该组织自己的研究，如图 4.9 所示。

IP address class	IP address range (First Octet Decimal Value)
Class A	1～126(00000001～01111110)*
Class B	128～191(10000000～10111111)
Class C	192～223(11000000～11011111)
Class D	224～239(11100000～11101111)
Class E	240～255(11110000～11111111)

图 4.9　IP 地址和分类

【注意】

(1) IP 地址特殊的表现形式：Host ID 全部为 0 的地址。

(2) 直接广播地址：32 位 IP 地址中主机地址均为 1，即 Host ID 全部为 1，表示向指定的网络直接广播。

(3) 有限广播地址：32 位 IP 地址均为 1，即 255.255.255.255，为本网广播地址，表示向本网络进行广播(路由器不转发)。

(4) 回送地址：用于网络软件测试以及本地计算机间通信的地址，即 127.0.0.1。

网络标识第一字节为 127 的 IP 地址不能用，即在 A 类地址中，Net ID 为 127 的是一组保留地址，只能作为内部通信用，不能出现在任何网络上。如 127.0.0.1 就是保留给本机回路测试使用的 IP 地址，称为回送 IP。之所以称为"回送"，是因为无论什么程序，一旦使用回送 IP 发送数据，协议软件便立即将其返回，不进行任何网络传输。

除此之外，TCP/IP 协议另有规定如下：

- 网络标识的第一字节不能全部为 0。
- 主机标识部分不能全为 0，也不能全为 1。
- 0 地址：即 0.0.0.0 泛指所有网，即指任意网络。

五类网络可拥有的网络数目和主机数汇总表，如表 4.2 所示。

表 4.2　五类网络可拥有的网络数目和主机数汇总表

类　别	最高位	网络数目	每个网络容纳主机数目	使用范围
A	0	$126(2^7-2)$	$16777214(2^{24}-2)$	1.0.0.1 至 126.255.255.254
B	10	$16383(2^{14}-1)$	$65534(2^{16}-2)$	128.0.0.1 至 191.255.255.254
C	110	$2097151(2^{22}-2)$	$254(2^{16}-2)$	192.0.0.1 至 223.255.255.254
D	1110	—	—	224.0.0.1 至 239.255.255.254
E	1111	—	—	240.0.0.1 至 247.255.255.254

6) *私有 IP 地址*

私有 IP 地址就是专门为构建机构内部网络使用的地址，也可称为内网或保留地址，不能在 Internet 上出现。与之对应的是注册的公网 IP，可以在 Internet 上使用。IP 协议约定在 A、B、C 三类地址里分别预留一部分 IP，用于内部网络使用，其预留范围如下：

- A 类中：10.0.0.0 至 10.255.255.255；
- B 类中：172.16.0.0 至 172.31.255.255；
- C 类中：192.168.0.0 至 192.168.255.255。

随着局域网技术应用的发展，私有 IP 地址的应用也越来越广泛，它不仅缓解了注册地址资源的紧张，而且为企业构建内部数据通信网络提供了可能。

二、子网与子网掩码

1. 子网技术

如果你的单位申请获得了一个 B 类网络地址 172.50.0.0，你们单位的所有主机的 IP 地址就将在这个网络地址里分配，如 172.50.0.1、172.50.0.2、172.50.0.3……。那么这个 B 类地址能为多少台主机分配 IP 地址呢？我们看到，一个 B 类 IP 地址有两个字节用作主机地址编码，因此可以编出 2^{16}-2 个，即六万多个 IP 地址码。(计算 IP 地址数量的时候减 2，是因为网络地址本身 172.50.0.0 和这个网络内的广播 IP 地址 172.50.255.255 不能分配给主机。)

能想象六万多台主机在同一个网络内的情景吗？它们在同一个网段内的共享介质冲突和它们发出的类似 ARP 那样的广播会让网络根本就工作不起来。因此，需要把 172.50.0.0 网络进一步划分成更小的子网，以在子网之间隔离介质访问冲突和广播报文。

将一个大的网络进一步划分成一个个小的子网的另外一个原因是出于网络管理和网络安全的需要。我们总是把财务部、档案部的网络与其他网络分割开来，外部进入财务部、档案部的数据通信应该受到限制。

假设 172.50.0.0 这个网络地址被分配给了铁道部，铁道部网络中的主机 IP 地址的前两个字节都将是 172.50。铁道部计算中心会将自己的网络划分成郑州机务段、济南机务段、长沙机务段等铁道部的各个子网。这样的网络层次体系是任何一个大型网络都需要的。

郑州机务段、济南机务段、长沙机务段等各个子网的地址是什么呢？怎么样能让主机和路由器分清目标主机在哪个子网中呢？这就需要给每个子网分配子网的网络 IP 地址。通行的解决方法是将 IP 地址的主机编码分出一些位来挪用为子网编码。

如图 4.10 所示，可以在 172.50.0.0 地址中将第 3 个字节挪用出来表示各个子网，而不再分配给主机地址。这样，我们可以用 172.50.1.0 表示济南机务段的子网，将 172.50.2.0 分配给太原机务段作为该子网的网络地址，将 172.50.3.0 分配给蚌埠机务段作为长沙机务段子网的网络地址。于是，172.50.0.0 网络中有 172.50.1.0、172.50.2.0、172.50.3.0 等子网。

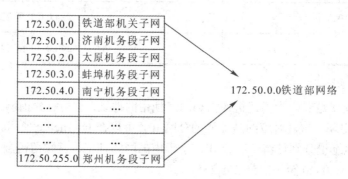

图 4.10 子网划分示意图

事实上，为了解决介质访问冲突和广播风暴的技术问题，一个网段超过 200 台主机的情况是很少的。一个好的网络规划中，每个网段的主机数都不超过 80 个。因此，划分子网是网络设计与规划中非常重要的一个工作。

在 IP 互联网中，A 类、B 类和 C 类 IP 地址是最常使用的 IP 地址。但每类网络的每个网络号仅能容纳一定数量的主机。例如为了充分利用一个 B 类网络资源，该网络应由 65 534 台主机构成，但构建一个由 65 534 台主机组成的网络且使其位于同一广播域是不现实的，也是不可行的。如果在一个 B 类网络里只部署有限的主机数量，那么剩余的 IP 地址资源将被无端地浪费。所以如果所有的 IP 地址都被这样使用，IP 地址资源早已被用尽，Internet 也不会发展到今天。于是，在 IPv4 资源匮乏的情况下，出现了一项新的应用技术，那就是子网分割技术。

1) 划分子网的目的

划分子网的目的一是有效利用 IP 地址资源；二是简化网络管理；三是合理分割广播域。下面通过三个例子详细说明划分子网的目的。

例 4-1 如图 4.11 所示，左侧网段为 172.19.0.0，主机数可达 65534；右侧网段为 10.0.0.0，主机数可达一千六百多万。两端网络(不划分子网情况下)通过路由器互连，可以实现网间通信，但代价是浪费了大量的 IP 地址资源。(注：在此引用私有 IP 为例，公网 IP 与此具有同样道理。)

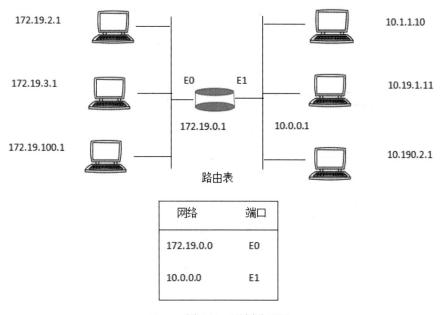

图 4.11 不划分子网

例 4-2 为了有效利用 IP 地址资源，利用路由器具有分割广播域的功能，我们构建如下网络，如图 4.12 所示。

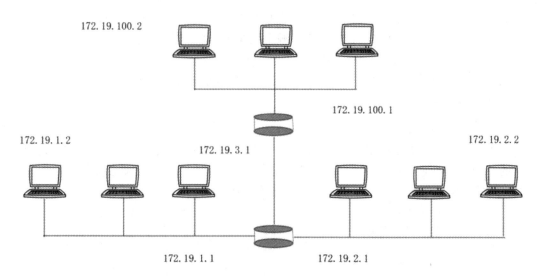

图 4.12 用路由器分割网络

用路由器分割网络时的网络部署为：由两个路由器将一个 B 类网络 172.19.0.0 划分为四个网段，即四个广播域。在没有子网分割技术的支持下，这四个网段内部任意两台主机间都可以实现相互通信。但是，四个网段间的相互通信却无法正常进行。为什么呢？原因见例 4-3。

例 4-3 我们将上一例子中的两个网段抽出来进行分析，如图 4.13 所示。

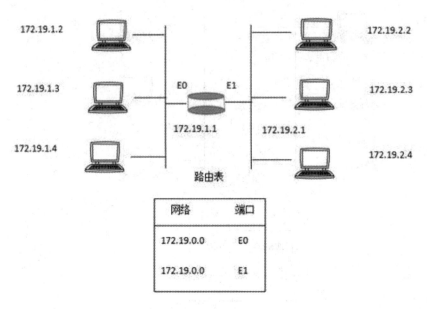

图 4.13　划分子网(无子网技术支持)

　　由图 4.13 可知，网络虽然被路由器分割开来，但由于没有相应的子网技术支持，路由表的内容只能根据现有的网络结构生成。当位于两个网段的主机之间通信时，如 172.19.1.2 向 172.19.2.2 发送 IP 包，发送端主机判断目的主机的 IP 与自己在同一网段，那么，发送主机不会把该 IP 包交由路由器转发。另外，即便是路由器收到这样的 IP 包，也会根据路由表的转发端口得知，该 IP 包因目的网段与源主机在同一端口而不转发。

　　此时会产生一个结果：这样的两个网段之间根本无法通信。

　　如何区分路由器两端的主机使二者位于不同的网段呢？子网分割技术中子网掩码的应用恰到好处地解决了这一问题。

　　2) 子网的编址方法

　　一个标准的 IP 地址由网络号和主机号两部分组成，网络号是向 IP 地址管理机构申请获得的，用户组织是不可改变的。而主机号是管理员分配的，因此，要创建子网，得从主机号部分借位并将它们指定为子网号部分。子网组成格式如图 4.14 所示。

标准的 IP 地址格式　　　　　　　　　　　　有子网的 IP 地址格式

网络号	主机号

网络号	子网号	主机号

图 4.14　标准的 IP 地址格式和有子网的 IP 地址格式

　　子网分割技术是指通过向主机标识"借"位来标识子网号。从左往右按需求将本来属于 Host ID 的一些 bit 位"借"用来标识子网 ID，即 Sub Net ID。

　　需要注意的是，主机号位数借位给子网号时，主机号应至少剩余两位。

　　由上述可知，含子网号的 IP 地址由网络号、子网号和主机号三部分组成，那么含子网的 IP 地址如何编址呢？我们用以下例子来说明。

　　例 4-4　将 202.70.120.0 网络分成两个子网。

　　分析：这是一个 C 类网络，主机号占 8 位(1 个字节)。现要将该网络分成两个子网则从主机号左侧开始借一位作为子网号，如表 4.3 所示。

表 4.3　子网号的 IP 地址编址

网络号(24 位)	子网号(1 位)	主机号(7 位)	IP 地址范围
网络 1：202.70.120	0(二进制)	0000001～1111110	202.70.120.1～202.70.120.126
网络 2：202.70.120	1(二进制)	0000001～1111110	202.70.120.129～202.70.120.254

2. 子网掩码

为了给子网编址，就需要挪用主机编码的编码位。在上述例子中，我们挪用了一个字节。

我们来看下面的例子。

一个小型企业分得了一个 C 类地址 202.33.150.0，准备根据市场部、生产部、车间、财务部分成 4 个子网。现在需要从最后一个主机地址码字节中借用 2 位($2^2 = 4$)来为这 4 个子网编址。子网编址的结果如下。

市场部子网地址：202.33.150.<u>00</u>000000 = 202.33.150.0；

生产部子网地址：202.33.150.<u>01</u>000000 = 202.33.150.64；

车间子网地址：202.33.150.<u>10</u>000000 = 202.33.150.128；

财务部子网地址：202.33.150.<u>11</u>000000 = 202.33.150.192。

在上面的表示中，我们用下划线来表示我们从主机位挪用的位。

现在，根据上面的设计，我们把 202.33.150.0、202.33.150.64、202.33.150.128 和 202.33.150.192 定为 4 个部门的子网地址，而不是主机 IP 地址。可是，别人怎么知道它们不是普通的主机地址呢？

我们需要设计一种辅助编码，用这个编码来告诉别人子网地址是什么。这个编码就是掩码。一个子网的掩码是这样编排的：用 4 个字节的点分二进制数来表示时，其网络地址部分全置为 1，它的主机地址部分全置为 0，如上例的子网掩码为：11111111.11111111.11111111.11000000

通过子网掩码，我们就可以知道网络地址的位数是 26 位，而主机地址的位数是 6 位。

子网掩码在发布时并不是用点分二进制数来表示的，而是将点分二进制数表示的子网掩码翻译成与 IP 地址一样的用点分十进制数来表示。上面的子网掩码在发布时记作：255.255.255.192。(11000000 转换为十进制数为 192。二进制数转换为十进制数的简便方法是把二进制数分为高 4 位和低 4 位两部分，用高 4 位乘以 16，然后加上低 4 位。或是采用按权展开法，按权展开法的内容在计算机应用基础中有讲解，在此不再重复讲述。)

下面是转换的步骤：

把 11000000 拆成高 4 位和低 4 位两部分：1100 和 0000。

记住：1000 对应十进制数 8；0100 对应十进制数 4；0010 对应十进制数 2；0001 对应十进制数 1。

高 4 位 1100 转换为十进制数为 8 + 4 = 12，低 4 位转换为十进制数为 0。最后，11000000 转换为十进制数为 $12 \times 16 + 0 = 192$。

子网掩码通常和 IP 地址一起使用，用来说明 IP 地址所在的子网的网络地址。

图 4.15 显示的是某 Windows 2000 主机的 IP 地址配置情况。图中的主机配置的 IP 地址和子网掩码分别是 211.68.38.155 和 255.255.255.128。子网掩码 255.255.255.128 说明 211.68.38.155 这台主机所属的子网的网络地址。

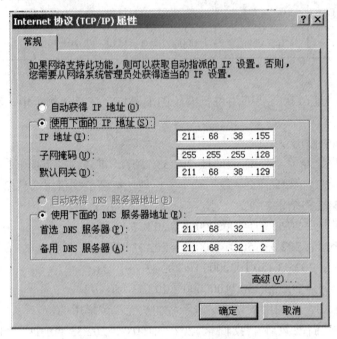

图 4.15　子网掩码的使用

一般来说，一眼是无法通过子网掩码 255.255.255.128 看出 211.68.38.155 该在哪个子网上的，需要通过逻辑与计算来获得 211.68.38.155 所属子网的网络地址：

211.68.38.155	11010011.0100100.00100110.10011011
255.255.255.128	and 11111111.11111111.11111111.10000000
	11010011.0100100.00100110.10000000
	= 211.68.38.128

因此，计算出 211.68.38.155 这台主机在 211.68.38.0 网络的 211.68.38.128 子网上。

如果不知道子网掩码，只看 IP 地址 211.68.38.155，就只能知道它在 211.68.38.0 网络上，而不知道在哪个子网上。

在计算子网掩码的时候，经常要进行二进制数与十进制数之间的转换，此时可以借助 Windows 的计算器来轻松完成，但是要用"查看"菜单把计算器设置为"科学型"。在十进制数转二进制数的时候，先选择"十进制"数值系统前面的小圆点，输入十进制数，然后点"二进制"数值系统前面的小圆点就得到转换的二进制数结果了，参见图 4.16，反之亦然。

子网掩码在下一章要讨论的路由器设备上也非常重要。路由器要从数据报的 IP 报头中取出目标 IP 地址，用子网掩码和目标 IP 地址进行"与"操作，进而得到目标 IP 地址所在网络的网络地址。路由器是根据目标网络地址来工作的。

对于标准的 IP 地址而言，网络号和主机号可以通过网络的类别进行判断。而对于子网编址，机器如何知道 IP 地址中哪些位表示子网，哪些位表示主机呢？为了解决这个问题，子网使用了子网掩码(或称子网屏蔽码)。

图 4.16 使用计算器进行二进制数与十进制数之间的转换

子网掩码是用于指明一个 IP 地址网络标识(包括子网标识)的 32 位描述。当其仅能指明网络标识而不含子网标识时，称之为缺省掩码。表 4.4 列出了三类网络的缺省掩码。

表 4.4 三种不同类型网络的缺省掩码

地址类型	缺省掩码
A 类地址	255.0.0.0
B 类地址	255.255.0.0
C 类地址	255.255.255.0

IP 协议规定，在子网掩码中，与 IP 地址中网络号和子网号两部分相对应的位用"1"来表示，与 IP 地址中的主机号部分相对应的位用"0"来表示。这样，IP 地址和它相对应的子网掩码配合使用，就可以判断出 IP 地址中哪些位表示子网号，哪些位表示主机号。如例 4-4 中网络的子网掩码则是 255.255.255.192。

同属于某一类地址(如 B 类地址)，不一定属于同一网络(如 150.200.0.0 和 140.200.0.0 是两个不同的网络)；网络号相同(如 150.200.0.0)，也不一定是同一网络，还要看子网掩码。如果子网掩码是 255.255.255.0，表明前面两个 8 位组是网络号，第三个 8 位组表示的是子网号。子网掩码帮助确定子网。

子网掩码与 IP 地址的对应关系是：一个 IP 地址的网络标识部分对应于子网掩码的"位"全是 1，主机标识部分对应于子网掩码的"位"全是 0。

通过 IP 地址与子网掩码"与"操作，子网掩码将 IP 地址中的主机标识部分屏蔽，得到了该 IP 地址所在的网络标识(包括子网标识)。

例 4-5 一个 IP 地址 172.16.12.1，缺省掩码是 255.255.0.0。子网分割后，子网标识向主机标识"借"位八个 bit，由此得到子网掩码为 255.255.255.0，如图 4.17 所示。

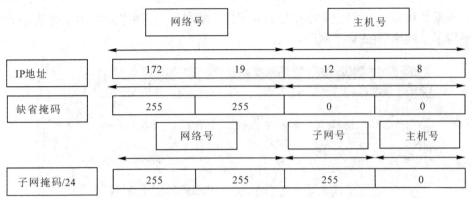

图 4.17　子网掩码

由 IP 地址与子网掩码"与"运算，得到 IP 地址所在的网段号为 172.19.12.0，计算方法如表 4.5 所示。

表 4.5　子网掩码运算

IP 地址	10101100	00010011	00001100	00001000
子网掩码/24	11111111	11111111	11111111	00000000
网段号	10101100	00010011	00001100	00000000
十进制表示	172	19	12	0

由子网掩码"非"运算后再与 IP 地址"与"运算，就可得到该 IP 地址的主机号；由子网掩码"非"运算后再与 IP 地址"或"运算，则可得到该 IP 地址所在网络的直接广播地址。例 4-5 可与例 4-3 相对应来看，例 4-5 应用了子网分割技术，如图 4.18 所示。

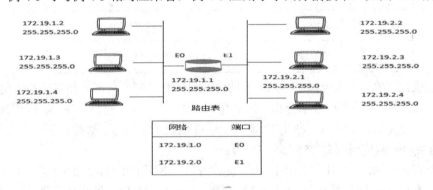

图 4.18　划分子网且有子网技术支持

【注意】　子网掩码的另一种表示方式是，使用"/16"表示子网掩码有 16 位 1，使用"/24"表示子网掩码有 24 位 1。子网掩码不能单独存在，必须与 IP 地址一起使用。

划分子网且有子网技术支持的网络部署为：主机标识的高八位用于子网标识，通过路由器连接分割后的两个子网段，子网掩码均是 24 位。左端子网是 172.19.1.0，右端子网是 172.19.2.0。当分别位于两个子网的主机间通信时，如 172.19.1.2 向 172.19.2.2 发送 IP 包，在发送端，发送主机将目的 IP 地址与子网掩码"与"操作，判断目的主机与本主机不在同一子网。因此，发送主机把该 IP 包交给路由器(即默认网关)，路由器收到该 IP 包后，将其目的 IP 与子网掩码"与"运算，得出目的网段为 172.19.2.0，然后根据其路由表判断应该经由端口 E1 转发该 IP 包。

应用子网分割技术，不仅实现了子网间的通信，而且还合理有效地使用了 IP 资源，同时提高了网络的通信能力。

3. 划分子网实例

子网掩码一般的"借"位是多少呢？一般情况下，我们看到的是 255.255.255.0 或 255.255.0.0 的描述，即"借"一个字节(B 类)或者不借(C 类)。但实际应用中也有特例，如一个 C 类的网段，还需要分割几个广播域，那么子网掩码该是怎样的呢？

例 4-6　一个 C 类网段(202.116.2.0)，需要划分六个子网，其子网掩码应该是多少？每个子网可以拥有的主机台数最多是多少？IP 地址是 202.116.2.80 和 202.117.2.180 的两台主机是否位于同一子网？各自的主机号是多少？

分析：子网划分为六个，则至少需要"借"三个 bit 位(2 个 bit 表示子网号最多可以有四个，三个 bit 表示子网号最多可以有八个)，那么，子网掩码/27 的十进制表示方式就是：255.255.255.224。每个子网表示主机位数还有五个 bit，即每个子网可以拥有的最多主机数是 30 台(2^5-2)。

将 IP 地址 202.116.2.80 和 202.116.2.180 分别与子网掩码 255.255.255.224 "与"运算，得出两个 IP 地址对应的网络标识分别为 202.116.64.0 和 202.116.160.0，属于不同的网段，则各自的主机号分别是 16 和 20。

可分割的八个子网段号如下，括号里给出了六个网段的主机 IP 分配范围。

0 子网段号：202.116.2.0(其中 30 台主机 IP 为 202.116.2.1～30)；

1 子网段号：202.116.2.32(其中 30 台主机 IP 为 202.116.33～62)；

2 子网段号：202.116.2.64(其中 30 台主机 IP 为 202.116.65～94)；

3 子网段号：202.116.2.96(其中 30 台主机 IP 为 202.116.97～126)；

4 子网段号：202.116.2.128(其中 30 台主机 IP 为 202.116.129～158)；

5 子网段号：202.116.2.160(其中 30 台主机 IP 为 202.116.161～190)；

6 子网段号：202.116.2.192；

7 子网段号：202.116.2.224。

4.3　网络寻址路由器

一、路由器

路由器在局域网中用来互联各个子网，同时隔离广播和介质访问冲突。

正如前面所介绍的，路由器将一个大网络分成若干个子网，以保证子网内通信流量的局域性，屏蔽其他子网无关的流量，进而更有效地利用带宽。对于那些需要前往其他子网和离开整个网络前往其他网络的流量，路由器为其提供必要的数据转发。

1. 路由器的工作原理

路由器的工作原理见图 4.19。

IP 200.4.3.71
D1-74-53-00-23-87

NetWork	Port	Next hop	Hop
200.4.3.0	E1		0
200.4.2.0	E0		0
200.4.1.0	E0	200.4.2.53	1

E1　　　　200.4.3.115　　　　　　网络200.4.3.0
03-B9-60-A0-87-45

Router
B

E0　　　200.4.2.34
00-3B-96-00-17-56

IP	MAC
200.4.2.53	003B96087C11
200.4.3.71	D17453002387

网络200.4.2.0　　E1　　　00-3B-96-08-7C-11
200.4.2.53
Router A

200.4.1.7　　　　200.4.1.1
00-17-45-32-6A-71　00-3B-96-75-1C-02　　E0

IP	MAC
200.4.3.71	003B96751C02

NetWork	Port	Next hop	Hop
200.4.1.0	E0		0
200.4.2.0	E1		0
200.4.3.0	E1	200.4.2.34	1

IP	MAC
200.4.1.7	001745326A71
200.4.2.34	003B96001756

图 4.19　路由器工作原理

图 4.19 中有三个 C 类子网，由两个路由器连接起来。他们分别是 200.4.1.0、200.4.2.0、200.4.3.0。

从图中可以看出，路由器的各个端口也需要有 IP 地址和主机地址。路由器的端口连接在哪个子网上，其 IP 地址就属于该子网。例如路由器 A 两个端口的 IP 地址 200.4.1.1、200.4.2.53 分别属于子网 200.4.1.0 和子网 200.4.2.0。路由器 B 两个端口的 IP 地址 200.4.2.34、200.4.3.115 分别属于子网 200.4.2.0 和子网 200.4.3.0。

每个路由器中有一个路由表，主要由网络地址(本路由器能够前往的网络)、转发端口(前往某网络该从哪个端口转发)、下一跳(前往某网络，下一跳的中继路由器的 IP 地址)和跳数(前往某网络需要穿越几个路由器)组成。

下面我们来看一个需要穿越路由器的数据报是如何被传输的。

如果主机 200.4.1.7 要将报文发送到本网段上的其他主机的话，源主机通过 ARP 程序可获得目标主机的 MAC 地址，由链路层程序为报文封装帧报头，然后发送出去。

当 200.4.1.7 主机要把报文发向 200.4.3.0 子网上的 200.4.3.71 主机时，源主机在自己机器的 ARP 表中查不到对方的 MAC，则发 ARP 广播请求 200.4.3.71 主机应答，以获得它的 MAC 地址。但是，这个查询 200.4.3.71 主机 MAC 地址的广播被路由器 A 隔离了，因为路由器不转发广播报文。所以，200.4.1.7 主机无法直接与其他子网上的主机直接通信。

路由器 A 会分析这条 ARP 请求广播中的目标 IP 地址，经过掩码运算，得到目标网络的网络地址是 200.4.3.0。路由器查路由表，得知自己能提供到达目的网络的路由，便向源主机发 ARP 应答。

请注意 200.4.1.7 主机的 ARP 表中，200.4.3.71 是与路由器 A 的 MAC 地址 00-3B-96-75-1C-02 捆绑在一起，而不是真正的目标主机 200.4.3.71 的 MAC 地址。事实上，

200.4.1.7 主机并不需要关心其是否是真实的目标主机的 MAC 地址，现在它只需要将报文发向路由器即可。

　　路由器 A 收到这个数据报后，将拆除帧报头，从里面的 IP 报头中取出目标 IP 地址。然后，路由器 A 将目标 IP 地址 200.4.3.71 同子网掩码 255.255.255.0 做“与”运算，得到目标网络地址 200.4.3.0。接着，路由器通过查路由表，得知该数据报需要从自己的 E1 端口转发出去，且下一跳路由器的 IP 地址是 200.4.2.34。

　　路由器 A 需要重新封装下一个子网的新数据帧。通过查 ARP 表，取得下一跳路由器 200.4.2.34 的 MAC 地址，封装好新的数据帧后，路由器 A 将数据通过 E1 端口发给路由器 B。

　　路由器 B 收到了路由器 A 转发过来的数据帧后，在路由器 B 中发生的操作与在路由器 A 中的完全一样。只是，路由器 B 通过路由表得知目标主机与自己是直接相连接的，而不需要下一跳路由了。在这里，数据报的帧报头将最终封装上目标主机 200.4.3.71 的 MAC 地址发往目标主机。

　　路由器的工作流程示意图见图 4.20。

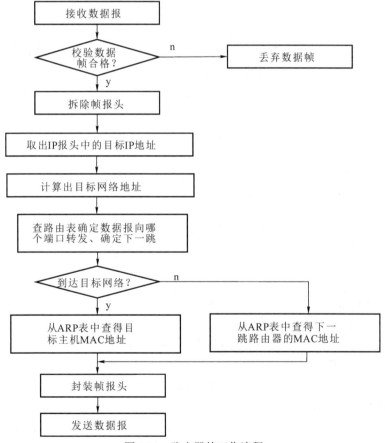

图 4.20　路由器的工作流程

　　通过上面的例子，我们了解了路由器是如何转发数据报，将报文转发到目标网络的。路由器使用路由表将报文转发给目标主机，或交给下一级路由器转发。总之，发往其他网络的报文将通过路由器传送给目标主机。

2. 穿越路由器的数据帧

数据报穿越路由器前往目标网络的过程中的报头变化是非常有趣的：它的帧报头每穿越一次路由器，就会被更新一次。这是因为 MAC 地址只在网段内有效，它是在网段内完成寻址功能的。为了在新的网段内完成物理地址寻址，路由器必须重新为数据报封装新的帧报头。

在图 4.21 中，200.4.1.7 主机发出的数据帧，目标 MAC 地址指向 200.4.1.1 路由器。数据帧发往路由器，路由器收到这个数据帧后，会拆除这个帧的帧报头，更换成下一个网段的帧报头。新的帧报头中，目标 MAC 地址是下一跳路由器的，源 MAC 地址则换上了200.4.1.1 路由器的 200.4.2.53 端口的 MAC 地址 00-38-96-08-7C-11。当数据到达目标网络时，最后一个路由器发出的帧，目标 MAC 地址是最终的目标主机的物理地址，数据就这样被转发到了目标主机。

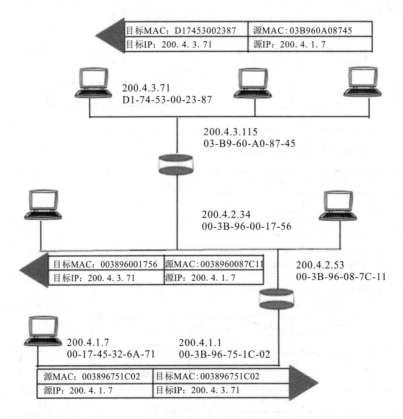

图 4.21 报头的变化

数据包在传送过程中，帧报头不断被更换，目标 MAC 地址和源 MAC 地址穿越路由器后都要改变。但是，IP 报头中的 IP 地址始终不变，目标 IP 地址永远指向目标主机，源 IP 地址永远是源主机。事实上，IP 报头中的 IP 地址不能变化，否则，路由器们将失去数据报转发的方向。

可见，数据报在穿越路由器前往目标网络的过程中，帧报头不断改变，IP 报头保持不变。

3. 路由器工作在网络层

路由器在接收数据报、处理数据报和转发数据报的一系列工作中，完成了 OSI 模型中物理层、链路层和网络层的所有工作。

在物理层中，路由器提供物理上的线路接口，将线路上比特数据位流移入自己接口中的接收移位寄存器，供链路层程序读取到内存中。对于转发的数据，路由器的物理层完成相反的任务，将发送移位寄存器中的数据帧以比特数据位流的形式串行发送到线路上。

路由器在链路层中完成数据的校验，为转发的数据报封装帧报头，控制内存与接收移位寄存器和发送移位寄存器之间的数据传输。在链路层中，路由器会拒绝转发广播数据报和损坏了的数据帧。

路由器的网间互联能力集中在它在网络层完成的工作。在这一层中，路由器要分析 IP 报头中的目标 IP 地址，维护自己的路由表，选择前往目标网络的最佳路径。正是由于路由器的网间互联能力集中在它的网络层表现，所以人们习惯于称它是一个网络层设备，工作在网络层。

从图 4.22 中我们可以看出，数据报到达路由器后，数据报会经过物理层、链路层、网络层、链路层、物理层的一系列数据处理，体现了数据报在路由器中的非线性。

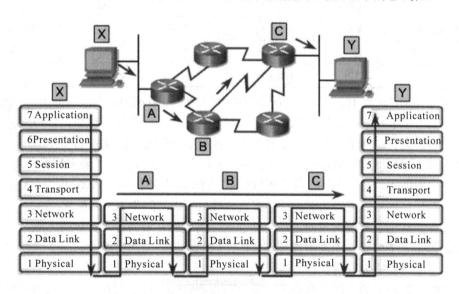

图 4.22　路由器涉及 OSI 模型最下面三层的操作

非线性这个术语在厂商介绍自己的网络产品时经常见到。网络设备厂商经常声明自己的交换机、三层路由交换机能够实现线性传输，以宣传其设备在转发数据报时有最小的延迟。所谓线性状态，是指数据报在如图 4.22 所示的传输过程中，在网络设备上经历的凸起折线小到近似直线。Hub 只需要在物理层再生数据信号，因此它的凸起折线最小，线性化程度最高。交换机需要分析目标 MAC 地址，并完成链路层的校验等其他功能，因此它的凸起折线略大。但是与路由器比较起来，仍然称它是工作在线性状态的。

路由器工作在网络层，因此它的数据传输产生了明显的延迟。

二、路由表的生成

我们看到，就像交换机的工作全部依靠其内部的交换表一样，路由器的工作也完全仰仗其内存中的路由表。

如表 4.6 所示，路由表主要由六个字段组成，显示出了能够前往的网络和如何前往那些网络。路由表的每一行，表示路由器了解的某个网络的信息；网络地址字段列出本路由器了解的网络的网络地址。端口字段表明前往某网络的数据报该从哪个端口转发；下一跳字段是在本路由器无法直接到达的网络上，下一跳的中继路由器的 IP 地址；距离字段表明到达某网络有多远，即在 RIP 路由协议中需要穿越的路由器数量；协议字段表示本行路由记录是如何得到的。本例中，C 表示是手工配置，RIP 表示本行信息是通过 RIP 协议从其他路由器学习得到的。定时字段表示动态学习的路由项在路由表中已经多久没有刷新了。如果一个路由项长时间没有被刷新，该路由项就被认为是失效的，需要从路由表中删除。

表 4.6　列出了路由表的构造

目标网络	端口	下一跳	距离	协议	定时
160.4.1.0	E0		0	C	
160.4.1.32	E1		0	C	
160.4.1.64	E1	160.4.1.34	1	RIP	00:00:12
200.12.105.0	E1	160.4.1.34	3	RIP	00:00:12
178.33.0.0	E1	160.4.1.34	12	RIP	00:00:12

我们注意到，前往 160.4.1.64、200.12.105.0、178.33.0.0 网络，下一跳都指向 160.4.1.34 路由器。其中 178.33.0.0 网络最远，需要 12 跳。路由表不关心下一跳路由器将沿什么路径把数据报转发到目标网络，它只要把数据报转发给下一跳路由器就完成任务了。

路由表是路由器工作的基础。路由表中的表项有两种方法获得：静态配置和动态学习。

路由表中的表项可以用手工静态配置生成。将电脑与路由器的 console 端口连接，使用电脑上的超级终端软件或路由器提供的配置软件就可以对路由器进行配置。

手工配置路由表需要大量的工作。动态学习路由表是最为行之有效的方法。一般情况下，我们都是手工配置路由表中直接连接的网段的表项，而间接连接的网络的表项使用路由器的动态学习功能来获得。

动态学习路由表的方法非常简单。每个路由器定时把自己的路由表广播给邻居，邻居之间互相交换路由表。路由器通过其他路由器的路由广播可以了解更多、更远的网络，这些网络都将被收到自己的路由表中，只要把路由表的下一跳地址指向邻居路由器就可以了。

静态配置路由表的优点是：可以人为地干预网络路径选择。静态配置路由表的端口没有路由广播，节省了带宽和邻居路由器 CPU 维护路由表的时间。想要对邻居屏蔽自己的网络情况时，就得使用静态配置。静态配置的最大缺点是不能动态发现新的和失效的路由。如果一条路由失效后不能被及时发现，数据传输就失去了可靠性，同时，无法到达目标主机的数据报被不停地发送到网络中，浪费了网络的带宽。对于一个大型网络来说，人工配置的工作量大也是静态配置的一个问题。

动态学习路由表的优点是：可以动态了解网络的变化。新增、失效的路由都能动态地导致路由表做出相应变化。这种自适应特性是动态路由受到欢迎的重要原因，大型网络无一不采用动态学习的方式维护路由表。其缺点是路由广播会耗费网络带宽。另外，路由器的 CPU 也需要停下数据转发工作来处理路由广播、维护路由表，降低了路由器的吞吐量。

路由器中大部分路由信息是通过动态学习得到的。但是，路由器即使使用动态学习的方法，也需要静态配置直接相连的网段。不然，所有路由器都对外发布空的路由表，互相是无法学习的。

流行的支持路由器动态学习生成路由表的协议有：路由信息协议 RIP、内部网关路由协议 IGRP、开放的最短路径优先协议 OSPF。

4.4　IPv6 简 介

一、IPv4 的不足

IPv4 自从 1981 年颁布后，为全球网络的互联及应用立下了很大的功劳。32 位的 IP 地址在当时已经能够满足 Internet 的需求，但随着网络技术的发展和 Internet 用户的急速膨胀，现在已难以满足要求。IPv4 主要面临以下的问题：IP 地址的消耗，引起地址空间不足；缺乏安全性；协议配置复杂。

二、IPv6 的特点

IPv6 是 Internet Protocol version6 的缩写。IPv6 由互联网工程任务组(IETF，Internet Engineering Task Force)设计，是用于替代现行版本 IP 协议(IPv4)的下一代 IP 协议。IPv6 的研究与应用，一方面是由于 IPv4 地址资源数量受限，另一方面是随着电子技术及网络技术的发展，单从数量上来讲，IPv6 所拥有的地址容量约为 IPv4 的 8×10^{28} 倍，达到 $2^{128} - 1$ 个。这不但解决了网络地址资源数量的问题，同时也为除电脑外的其他设备连入互联网扫清了数量限制上的障碍。

IPv6 的技术特点如下。

(1) 扩大了地址空间。IP 地址的长度由 32 位扩充为 16 个字节(128 位)，理论上能够提供 3.4×10^{38} 个地址。其表示方法采用十六进制数加 ":"，","":"，将网络号和主机号等用分隔符分隔开来。IPv6 支持单地址、多地址和广播地址。采用 IPv6 技术后，未来的移动电话、冰箱等信息家电设备都可以拥有一个唯一的 IP 地址。

(2) 地址层次丰富、分配合理。IPv6 的管理机构将某一确定的 TLA(顶级集聚标识符，是选路分级结构中的最高级)分配给某些骨干网的 ISP，然后骨干网的 ISP 再灵活地为各个中小 ISP 分配 NLA(TLA 的下一级集聚标识符，用来创建寻址分级结构和标识站点)，而终端用户可从中、小 ISP 获得 IP 地址。

(3) 增加了安全认证机制。为了防止机密被窃，系统不能向未被批准的用户显示任何数据；为了使数据不被破坏，系统不能未经批准而随意更改数据；为了确保服务质量，系统不能任意改变用户的级别。IPv6 要求强制实施 Internet 安全协议 IPSec，IPSec 支持验证头协议、封装安全性载荷协议和密钥交换 IKE 协议。这三种协议将是未来 Internet 的安全标准。

(4) 提高了路由器的转发效率。IPv6 规定，仅由源端系统进行数据的分段，途经的所有路由器不必再对数据进行分段，提高了路由器的工作效率。

(5) 增强了协议的可扩充性。IPv6 是具有几乎能够无限制地增加 IP 网址数量、拥有巨大网址空间和卓越网络安全性能等特点的新一代互联网协议。

(6) 无状态自动配置。IPv6 通过邻居发现机制能为主机自动配置接口地址和缺省路由器信息，使得从互联网到终端用户之间的连接不经过用户干预就能够快速建立起来。

三、IPv6 对 IPv4 的兼容

全球有难以计数的计算机正在使用 IPv4，这使 IPv4 到 IPv6 的转变不可能在短期内完成。因此，IPv4 和 IPv6 必须在相当长一段时间内共存，IPv6 对 IPv4 的兼容就至关重要了。

为了解决这个问题，IPv6 地址结构允许覆盖 IPv4 的地址类型。由于 IPv6 地址比 IPv4 地址长，存放 IPv4 地址不成问题，难的是如何使两种协议同时工作。假设一个分组必须通过有 IPv6 路由器的网络到达 IPv4 的目的地。路由器的一个选择是，如果目的地是一个 IPv4 的节点，就将分组转换成为 IPv4。由于 IPv6 的目的是改进 IPv4，因此这不是一个好的选择。如果路由器运行 IPv6，它们根据什么知道哪个地址是 IPv4 节点，并知道它们不能按照 IPv6 层次结构来转换呢？答案是根据地址前的 80 个 "0" 和 16 个 "1" 判定这是一个 IPv4 的地址。这样，路由器就会根据 IPv4 的规则来解释地址。

如果两个 IPv6 路由器需要交换分组，使用的线路是经过 IPv4 路由器的网络。我们知道 IPv6 地址所含的信息不能被储存在 IPv4 的分组中，解决这样的问题要采用 "隧道"。在隧道的任何一端的节点，除了它的 IPv6 地址外，还有一个是 IPv4 兼容地址，这就容易将 IPv6 地址所含的信息储存在 IPv4 分组中。

四、IPv6 地址

1. IPv6 地址的表示

IPv4 地址用以 "." 分隔的十进制格式表示，32 位地址每 8 位一组，再将每组的 8 位转换成等价的十进制数，并用 "." 分隔。而对于 IPv6，128 位地址每 16 位十组，再将每个 16 位块转换成 4 位十六进制数字，每组间用 ":" 分隔，结果用十六进制格式表示。

例4-7　二进制格式的 IPv6 地址，每 16 位分为一组，表示为：

0010000111011010	0000000011010011	0000000000000000	0010111100111011
0000001010101010	0000000011111111	1111111000101000	1001110001011010

将每个 16 位块转换成十六进制数字，用 ":" 分隔，表示为：21DA:00D3:0000:2F3B:02AA:00FF:FE28:9C5A。

1) IPv6 地址压缩表示

用 128 位来表示地址，地址中会含有较多的 0，将每个块中的前导零(开头的零)删除，

就成为 IPv6 地址的压缩表示。上述地址压缩形式可以表示为：2IDA:D3:0:2F3B:2AA:FF:FE28:9C5A。

要进一步简化 IPv6 地址的表示，十六进制数格式中被设置为 0 的连续 16 位信息块可以被压缩为"::"(即双冒号)。如 EF70:0:0:0:2AA:FF:FE9A:4CA2 可以被压缩为 EF70: :2AA:FF:FE9A:4CA2。

要确定"::"表示多少个 0 位，可以数一下压缩地址中的块数，用 8 减去块数后乘以 16 就可以得到 0 的位数。如地址 FF02::2 中有两个块(FF02 和 2)，那么用"::"表示的位数是 96(96 = (8 - 2) × 16)。注意零压缩只能在给定地址中使用一次，否则就不能确定每个双冒号实际表示的 0 位的数量。

2) IPv6 的前缀

IPv6 的前缀是地址的一部分，它指出了有固定值的地址位，或者属于网络标识的地址位。IPv6 路由和子网标识的前缀，与 IPv4 的域内无级路由选择法(CIDR)的表达方式一样。IPv6 前缀用"地址/前缀长度"的表示法表示。如 21DA:D3::/48 是路由前缀，而 21DA:D3:0:2F3B::/64 是子网前缀。

2. IPv6 地址空间

IPv6 的最大特征就是采用了 128 位的地址空间，位数是 IPv4 的 4 倍。IPv6 在设计分层寻址和路由时能提供多个等级的层次和灵活性，这一点正好是目前基于 IPv4 的 Internet 所缺乏的。与 IPv4 地址空间的划分方法类似，IPv6 地址空间也是根据地址中的高位比特来划分的。

按格式前缀分配 IPv6 地址空间的情况如表 4.7 所示。

表 4.7　按格式前缀分配 IPv6 地址空间的情况

分　配	格式前缀(FP)
保留	0000 0000
为 NSAP 分配保留	0000 001
可聚合的全局单播地址	001
链接本地单播地址	1111 1110 10
站点本地单播地址	1111 1110 11
多播地址	1111 1111

剩余的 IPv6 地址空间没有分配。

3. IPv6 地址的分类

1) 单播 IPv6 地址

单播 IPv6 地址表示单个接口，与 IPv4 的点对点通信的地址类似。单播地址分为两部分：子网前缀和接口标识符。格式如下：

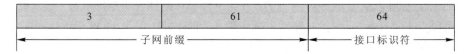

2) 组播 IPv6 地址

组播 IPv6 地址又称多播地址，用来表示属于不同节点的一组接口。格式如下：

8	4	4	112
11111111	标识	范围	组标识符

3) 任播 IPv6 地址

任播 IPv6 地址又称泛播地址，它的地址范围是除了单播地址外的所有范围。

4) 未指定地址

这是一个全 0 的地址，即 0:0:0:0:0:0:0:0。

5) 回送地址或返回地址

这是一个测试地址，该地址除最低位是 1 外，其余的位全是 0，即 0:0:0:0:0:0:0:1。

4. 其他网络协议

1) NetBEUI 协议

NetBEUI 是 Microsoft 公司开发的通信协议，全称是网络基本输入/输出系统 (NetBIOS) 的增强用户接口。它的优点是内存开销较少、易于实现、安装配置简单。但它不能在网络之间进行路由选择，因此仅限于小型局域网内使用，不能单独用它来构建由多个局域网组成的大型网络。

2) NWLink 协议

从 Windows 2000 开始的 Windows 系列操作系统都提供了 NWLink 协议。NWLink 是一种可路由的协议，适用于大型网络，尤其是那些使用 Netware 服务器做路由的网络。NWlink 客户机不需要进行任何配置。

3) IPX/SPX 协议

早期许多网络都是使用 Novell 公司的 Netware 网络操作系统，所使用的传输协议是 IPX/SPX。IPX/SPX 即网络包交换/顺序包交换的缩写。IPX/SPX 避免了 NetBEUI 的弱点，但也带来了新的弱点，即大规模 IPX/SPX 网络的管理非常困难。

4.5　网络测试常用命令

一、常用网络测试命令及运行环境

常用的网络命令包括：arp、ftp、ipconfig、nbtstat、net、netstat、ping、route、telnet、tracert、pathping 和 winipcfg。网络测试命令在 Windows 平台下使用，在 DOS 命令提示符下进行。

DOS 命令提示符可以从 Windows 系统的"开始→程序→附件→命令提示符"进入命令运行界面。也可以点击"开始→运行"，在文本框中输入"CMD"，进入 DOS 操作界面。然后即可执行下面讲解的网络测试命令。一般的命令均可通过"命令/?"获得该命令的帮助信息。

二、常用网络测试命令介绍

1. ping

ping 命令是测试网络连接状况非常有用的工具之一。执行 ping 命令后，该命令一次向目标主机连续发送四个长度为 32 byte 的回送请求数据包，要求目标主机收到请求后给予答复，从而判断网络的响应时间以及本机是否与目标主机连通。

命令格式：ping X.X.X.X 或域名地址[-t][-n count][-l size]等。

参数含义：

● -t 不停地向目标主机发送数据。

● -n count 指定要 ping 多少次，具体次数由 count 来指定。

● -l size 指定发送到目标主机的数据包的大小。

2. Tracert

Tracert 命令功能同 ping 类似，但它所获得的信息要比 ping 命令更加详细，它可将数据包经过的路由器、IP 地址以及到达该路由器所用的时间都一一显示出来。该命令适用于大型网络的测试。

命令格式：Tracert X.X.X.X 或域名[-d][-h maximum_hops][-j host_list][-w timeout]

例 4-8　执行命令 Tracert www.baidu.com 查看到达百度 Web 服务器经过的路由情况，如图 4.23 所示。结果说明测试主机到百度站点中间经过的路由器数目。

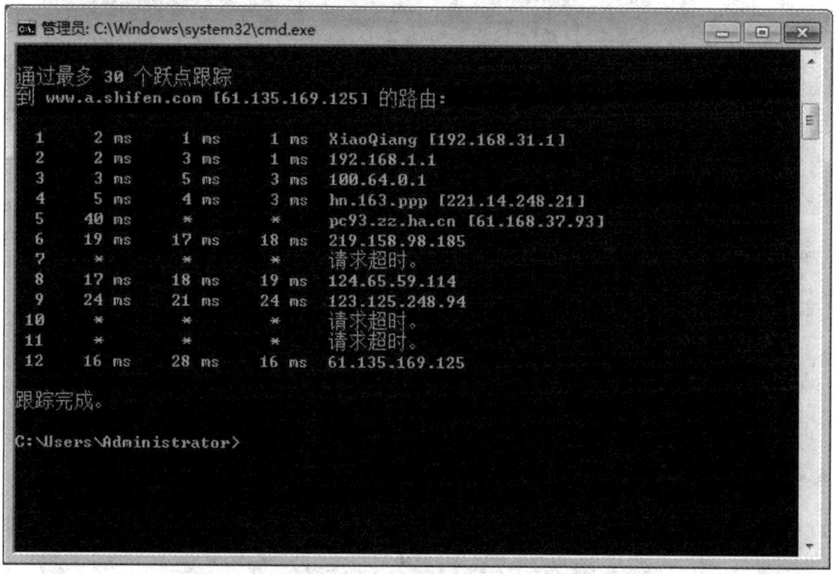

图 4.23　Tracert 命令应用

3. ipconfig

ipconfig 命令以窗口的形式显示 IP 协议的具体配置信息，除了可以显示主机网络适配器的物理地址、IP 地址、子网掩码以及默认网关等，还可以查看主机名、DNS 服务器、结点类型等相关信息。

命令格式：ipconfig [/all /release /renew]等。

常用参数含义：

● 无参数：当使用 ipconfig 不带任何参数选项时，则代表它为每个已经配置了的接口显示 IP 地址、子网掩码和缺省的网关值。

● /all 显示网络适配器完整的 TCP/IP 配置信息。/release 和/renew 是两个附加选项，只能在向 DHCP 服务器租用其 IP 地址的计算机上起作用。

● 如果使用/release，则所有接口的租用 IP 地址便重新交付给 DHCP 服务器(归还 IP 地址)，即释放主机的当前 DHCP 配置。如果使用 renew，则本地计算机便设法与 DHCP 服务器取得联系，启用 DHCP 并使用 DHCP 服务器获得配置，并租用一个 IP 地址。

● 使用带 all 选项的 ipconfig 命令时，将给出所有接口的详细配置报告，包括任何已配置的串行端口。

使用 ipconfig/all 命令输出，获取本机的网络详细配置信息的应用如图 4.24 所示。

图 4.24　ipconfig 命令应用

4. Netstat

Netstat 命令用于显示与 IP、TCP、UDP 和 ICMP 协议有关的连接信息，一般用于检验本机各端口的网络连接情况。它可以帮助了解网络的整体使用情况，如显示网络连接、路由表和网络接口信息、统计目前总共有哪些网络连接正在运行等。命令格式为：netstat[-r]

[-s][-n][-a][-b][-p proto]…。

参数含义：

- -r 显示本机路由表的内容。
- -s 显示每个协议的使用状态(包括 TCP 协议、UDP 协议、IP 协议)。
- -n 以数字形式显示地址和端口。
- -a 显示所有主机的端口号。
- -b 显示包含于创建每个连接或监听端口的可执行组件。
- -p proto 指定显示某协议的连接状态，协议包括 TCP、UDP。

可以利用上述参数的组合来显示用户所需要的具体信息。

例 4-9　执行命令 netstat -an，将以数字 IP 形式显示本机当前所有端口的连接状态，结果如图 4.25 所示。

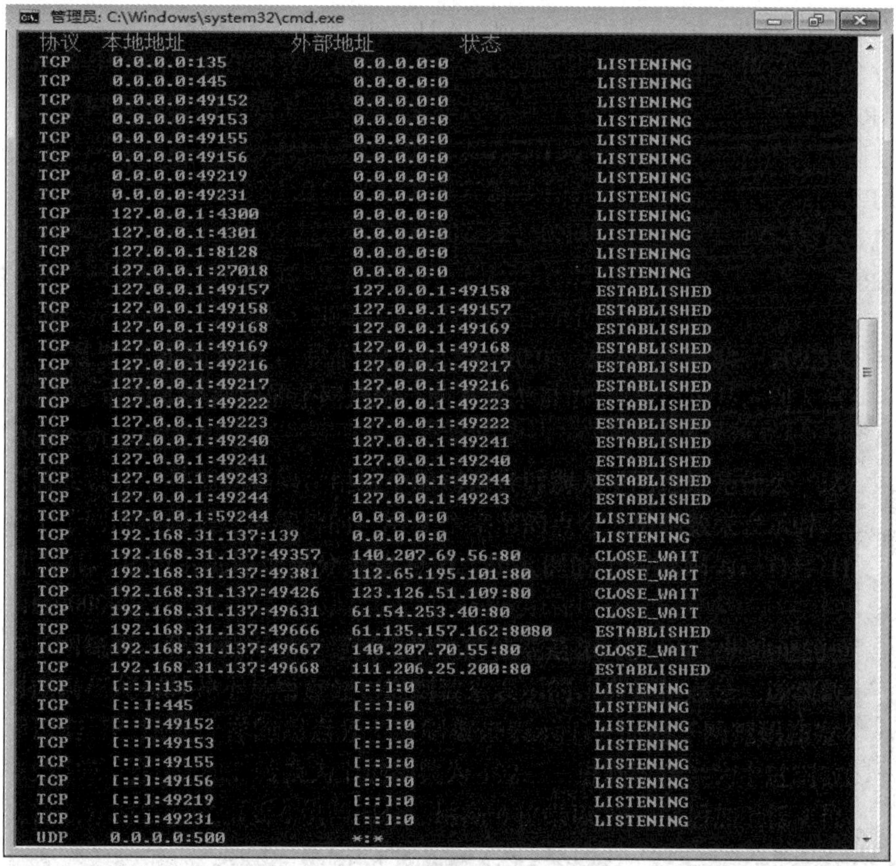

图 4.25　netstat 命令的应用

执行命令 netstat － an － p tcp，将在上述结果中，只给出 TCP 协议的连接状况。

执行命令 netstat － anb － p tcp，除上述结果，还要给出创建连接的执行元件(进程)以及进程的 PID(进程控制符)。

命令输出信息，各种 State 解释如下。

- SYN_SENT：在发送连接请求后等待匹配的连接请求，这一状态的时间很短，一般看不到。

- SYN-RECEIVED：在收到和发送一个连接请求后等待对连接请求的确认。
- ESTABLISHED：代表一个打开的连接，数据可以传送给用户。
- TIME_WAIT：已经处于等待的状态(等待足够的时间以确保远程 TCP 接收到连接中断请求的确认)。
- CLOSED：没有任何连接状态。
- LISTENING：侦听来自远方 TCP 端口的连接请求(表示本地端口开放着)。

如果系统被放置木马，则系统将作 LISTENING 状态，木马端口号可能固定，也可能变化。

5. ARP

ARP 是一个重要的 TCP/IP 协议，用于确定对应 IP 地址的物理地址。执行 ARP 命令，能够查看本地计算机或指定计算机的 ARP 高速缓存中有关 IP 与对应 MAC 地址的转换表。缺省情况下，ARP 高速缓存中的项目是动态的，其 IP 与对应 MAC 的信息会在 2～10 min 内失效。

命令格式：ARP -s IP 地址 MAC 地址；ARP -d IP 地址；ARP -a [IP 地址]。

参数含义：

- ARP -s IP 地址 MAC 地址：向 ARP 高速缓存人工输入一个静态项目。该项目在计算机引导过程中将保持有效状态，或在出现错误时，人工配置的物理地址将自动更新该项目。
- ARP -d IP 地址：使用本命令人工删除一个静态项目。可以使用通配符"*"以删除所有主机。
- ARP -a：显示本机的 ARP 缓存项目。使用 ARP -a IP 地址，就可以显示指定 IP 的 ARP 缓存项目。

例 4-10 执行命令 ARP -a，如果使用过 ping 192.168.1.1，则显示结果如图 4.26 所示。

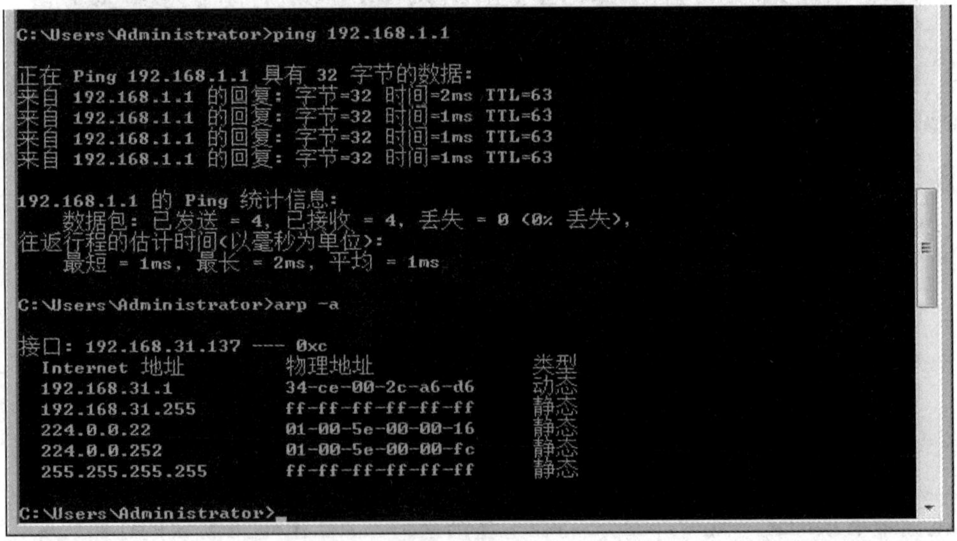

图 4.26 ARP 命令应用

192.168.1.1 是 IP 地址，00-25-86-29-4a-cc 是该 IP 地址对应的物理地址，获取类型是动态，相对于命令参数为 -s 时的静态地址映射，动态地址映射是暂存的。

例 4-11 执行命令 ARP -a 10.111.142.71，如图 4.27 所示。

图 4.27　ARP 命令应用 1

该命令显示指定 IP 地址 10.111.142.71 对应的 ARP 信息，显示结果表示目前该地址无 ARP 转换信息。

再执行 ARP -a，显示信息如图 4.28 所示。

图 4.28　ARP 命令应用 2

显示指定 IP 地址 192.168.31.255 对应的 MAC 地址是 ff-ff-ff-ff-ff-ff，执行命令 ARP -d192. 168.31.255 则删除此项，再次执行命令 ARP -a，显示结果如图 4.29 所示。

图 4.29　ARP 命令应用 3

执行命令 ARP -s 192.168.31.255 ff-ff-ff-ff-ff-ff，该命令添加 IP 地址对应的 MAC 地址。通过命令 ARP -a 可以验证是否已经加入。ARP -s 可以在代理服务器或 LAN 缺省路由器上进行 IP 地址和 MAC 地址的绑定，防止 IP 地址的盗用。

【注意】　可以用 ipconfig 和 ping 命令来查看自己的网络配置并判断是否正确；可以用 netstat 查看本地主机的连接状态；可以用 ARP 查看局域网里连接过的主机所对应 MAC 地址。

6. ftp 命令

ftp 命令的功能是在服务器和客户机之间传送文件。在 DOS 命令提示符下输入命令：C: \>ftp -h。

命令格式为：ftp[-v][-d][-i][-n][-g][-s：filename][-a][-A][-x：Sendbuffer][-r：recvbuffer][-b：asyncbuffer][-w：windowsize][host]。

"-g" 表示未激活 glob 功能，glob 命令用来设置 mdelete、mget、mput 命令的文件名扩展。mget 和 mput 命令需要带 y/n/q，y 表示 yes，n 表示 no，q 表示 quit。

本 章 小 结

　　本章讲述了 IP 地址、MAC 地址及子网掩码等概念，较为详细地讨论了 IP 地址及子网的划分，并简要介绍了下一代 IPv6 地址，最后较为全面地给出了常用的网络命令及应用的举例。

练 习 题

一、填空题

1. 因特网采用_____协议，HTTP 是_____协议。

2. IPv4 地址有_____位，IPv6 地址有_____位。

3. 划分子网的目的之一是_____，之二是_____，之三是_____。

4. ping 命令的作用是_____，ipconfig 命令的作用是_____。

二、选择题

1. 关于 IPv4 地址的说法，错误的是(　　)。

A. IP 地址是由网络地址和主机地址两部分组成

B. 网络中的每台主机分配了唯一的 IP 地址

C. IP 地址只有三类：A，B，C

D. 随着网络主机的增多，IP 地址资源将要耗尽

2. A 类 IP 地址共有(　　)个网络节点。

A. 126　　　　B. 127　　　　C. 128　　　　D. 16384

3. 每个 B 类网络有(　　)个网络节点。

A. 254　　　　B. 65535　　　　C. 65534　　　　D. 16384

4. IP 地址 127.0.0.1(　　)。

A. 是一个暂时未用的保留地址　　　　B. 是一个属于 B 类的地址

C. 是一个表示本地全部节点的地址　　　　D. 是一个表示本节点的地址

5. 从 IP 地址 193.100.20.11 中我们可以看出(　　)。

A. 这是一个 A 类网络的主机　　　　B. 这是一个 B 类网络的主机

C. 这是一个 C 类网络的主机　　　　D. 这是一个保留地址

6. IP 地址的 4 个字节全部是 1 表示(　　)。

A. 这是一个网络地址　　　　B. 这是一个向本网广播的地址

C. 这是一个保留地址　　　　D. 这是一个向特定网广播的地址

7. 要将一个 IP 地址是 210.33.12.0 的网络划分成多个子网，每个子网包括 25 个主机并要求有尽可能多的子网，指定子网掩码应为(　　)。

A. 255.255.255.192　　　　B. 255.255.255.224

C. 255.255.255.240　　　　D. 255.255.255.248

8. 一个 A 类网络已经拥有 60 个子网，若还要添加两个子网，并且要求每个子网有尽

可能多的主机，应指定子网掩码为(　　)。

    A. 255.240.0.0　　　B. 255.248.0.0　　　C. 255.252.0.0　　　D. 255.254.0.0

三、简答题

1. 简述 A，B，C 三类 IP 地址的区别。

2. 已知 IP 地址是 204.238.7.45，子网掩码是 255.255.255.224，求子网位数。

3. 简述 OSI 模型与 TCP/IP 模型的区别，简述 IPv4 与 IPv6 的区别。

4. 如果在一个网络中，某台计算机 ping 自己网段的其他 IP 地址能通，但是 ping 自己网中的某一台主机不通，则可能的故障原因有哪些?

四、操作题

1. 依次点击"开始→程序→附件→命令提示符"命令，输入"ping/?"，查看用法。

2. 输入"ping 200.200.2.*"，该地址为同一子网或不同子网的 IP 地址，观察测试结果。

3. 在同一网段上的计算机，如果有两台或两台以上的计算机使用相同的 IP 地址，观察会出现什么情况。

4. 记录本机的主机名、MAC 地址、IP 地址、DNS、网关等信息。

第5章 局域网技术

5.1 局域网概述

局域网是大多数网络用户直接应用和管理的网络，它对内通过交换机将本地独立的计算机、打印机、服务器等网络资源连接起来，实现资源共享、数据通信、业务应用等功能；对外接入 ISP(Internet Service Provider)的城域网或广域网，实现因特网接入和远程通信。作为最底层的网络单元，局域网将单机、城域网、广域网和因特网有机地联系起来。

一、局域网定义

局域网(LAN，Local Area Network)是一个数据传输系统，它将有限的地理范围内的多种信息设备连接起来，实现数据通信和资源共享。从应用的角度看，局域网主要有以下几个特点。

(1) 局域网只能覆盖有限的地理范围，适用于政府机关、商业公司和学校等各类机构有限区域内的计算机与各类信息设备的联网与资源共享。

(2) 局域网具有较高的数据传输速率(100 Mb/s～10 Gb/s)和较低的误码率(10^{-11}～10^{-8})，网络数据传输环境较好。目前常见的局域网的传输速率为 100 Mb/s，新建的局域网的传输速率则多为 1000 Mb/s 或 10 Gb/s。

(3) 局域网一般由一个单位或部门建设、管理及维护，与广域网相比具有网络结构简单、组网方便等特点。

广域网由于覆盖范围广，通信线路长，如何有效地利用通信信道和通信设备是网络设计中要考虑的重要问题，也是确定网络拓扑和网络协议等方面的主要依据。如广域网多采用复杂的分层级的网络拓扑，低层协议也复杂，转接方式多采用存储转发式。

与广域网相比，局域网覆盖范围小，数据传输速率高，信道利用率不是网络设计考虑的主要问题。因此，局域网多采用总线型、环型和星型等简单的网络拓扑，低层协议也较简单，一般没有路由选择问题，数据转接方式也从存储转发方式改变为共享介质方式和交换方式。共享介质方式使局域网的介质访问控制较复杂。因此，决定局域网特性的主要技术因素有以下三个：传输介质、拓扑结构和介质访问控制方法。

近年来局域网技术发展迅速，基于局域网的应用越来越多，局域网规模也越来越大，网络结构也相应变得复杂。另外，随着光纤技术的日益普及和 10 Gb/s 以太网的出现，局域网的地理覆盖范围大大扩展，局域网技术开始越来越多地应用到城域网和广域网中。传统划分的局域网、城域网和广域网之间的差别越来越小。

二、局域网模型与标准

1. 局域网标准

随着早期局域网的不断发展，局域网产品的数量和种类不断增加。为了能规范局域网的发展，业界迫切希望有一个局域网国际标准。在这种背景下，1980 年 2 月，美国电气和电子工程师学会(IEEE)成立了局域网标准委员会(IEEE 802 委员会)，专门从事局域网的网络标准化工作，并且制定了 IEEE 802 局域网标准。

IEEE 802 标准遵循 OSI 参考模型的原则，规范了物理层、数据链路层以及部分网络层的功能。IEEE 802 局域网参考模型与 OSI 参考模型的对应关系如图 5.1 所示。

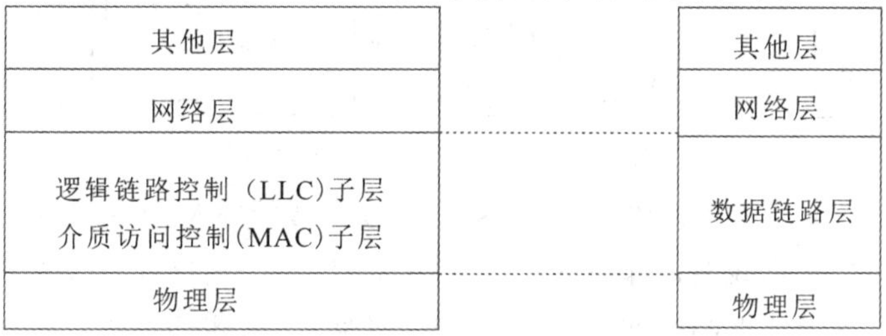

图 5.1　IEEE 802 局域网参考模型与 OSI 参考模型的对应关系

IEEE 802 标准将数据链路层划分为两个子层，即逻辑链路控制(LLC，Logical Link Control)子层和介质访问控制(MAC，Medium Access Control)子层。这种功能分解主要是为了将数据链路层功能中与硬件有关的部分和与硬件无关的部分分开。

LLC 子层是 IEEE 802 数据链路层的上层，其基本功能是完成数据链路上的数据帧传输和控制。LLC 子层不针对特定的体系结构，即对于所有的 LAN 协议来说，LAN 的 LLC 子层都是一样的。

MAC 子层是 IEEE 802 数据链路层的下层，其基本功能是解决共享介质的竞争使用问题。它包含了数据传递所必需的同步、标记、流量和差错控制的规范，以及下一个接收数据帧站点的物理地址。MAC 协议对于不同的 LAN 是特定的，即 LAN 的 MAC 层是不同的。如以太网、令牌总线网都具有不同的 MAC 层。

由于 IEEE 802 局域网拓扑结构简单，一般不需要中间转接，网络层的许多功能(如路由选择)是没有必要的，而流量控制、差错控制等功能可以在数据链路层完成，所以 IEEE 802 标准可以不单独设立网络层。

2. 局域网标准

IEEE 802 标准是一个系列标准，这些标准之间的关系如图 5.2 所示。

该系列标准包括以下四类。

(1) IEEE 802.1 标准。IEEE 802.1 标准定义了局域网的体系结构、网际互联、网络管理和性能测试。

(2) IEEE 802.2 标准。IEEE 802.2 标准定义了逻辑链路控制(LLC)子层的功能与服务，即高层与任何一种局域网 MAC 层的接口。

(3) 不同介质访问控制的相关标准。此类标准分别定义了不同介质访问控制的标准，其中最重要的是 802.3 标准。

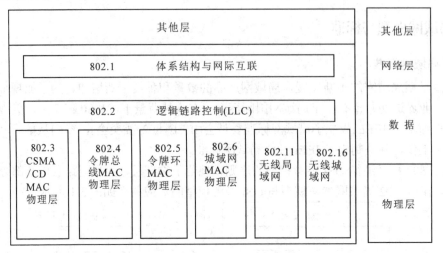

图 5.2　IEEE 802 系列标准关系

IEEE 802.3：CSMA/CD 总线网，即 CSMA/CD 总线网的 MAC 子层和物理层技术规范。

IEEE 802.4：令牌总线网，即令牌总线网的 MAC 子层和物理层技术规范。

IEEE 802.5：令牌环形网，即令牌环形网的 MAC 子层和物理层技术规范。

IEEE 802.6：城域网，即城域网的 MAC 子层和物理层技术规范。

IEEE 802.7：宽带局域网标准。

IEEE 802.8：光纤传输标准。

IEEE 802.9：综合语音数据局域网标准。

IEEE 802.10：可互操作的局域网安全性规范。

(4) 无线网标准。

IEEE 802.11：无线局域网标准目前有 801.11、801.11a、801.11b、801.11g、801.11n 等，主要用于 100 m 范围内的无线数据传输。

IEEE 802.15：无线个域网标准，主要用于 10 m 内的短距离无线通信，主要技术为蓝牙和超宽带(UWB)。

IEEE 802.16：无线城域网标准，也被称为 WiMax 技术，主要用于 10 km 范围内的固定及移动无线数据传输。

IEEE 802.20：无线广域网标准，基于 IP 的无线全移动网络技术。

5.2　局域网组网设备

　　组建局域网的主要设备有通信介质、通信设备、服务器以及其他配件。网络硬件是网络中计算机间互联必不可少的组成部分。组建局域网之前，选择什么样的网络硬件设备产品，对于网络的性能和可扩展性有着重要的影响。操作系统则是计算机网络的灵魂。

　　本节重点是掌握网络传输介质的相关知识，学习网络传输介质在不同网络环境中的制作及网卡的安装调试，以及网络操作系统的选择。

一、网卡

网卡(NIC，Network Interface Card)又称网络适配器或网络接口卡，用以连接计算机和网络，是组建局域网不可缺少的基本配件。网卡一方面负责接收网络中传过来的数据包，解包后，将数据通过主板的总线传输给计算机；另一方面负责将本地计算机上的数据包传输给网络。

1. 网卡的类型

1) PCI 网卡

PCI 网卡是目前最流行的网卡接口类型，在台式机和服务器上都得到普遍使用。PCI总线网卡有 10 Mb/s、10/100 Mb/s 自适应、10/100/1000 Mb/s 自适应等几种。其中 10 Mb/s网卡已经停产；10/100Mb/s 自适应网卡主要应用在台式机上，如图 5.3 所示；10/100/100 Mb/s自适应网卡目前主要应用在服务器上，但随着 1000 Mb/s 网络的发展，一些台式机主板也开始集成 10/100/1000 Mb/s 自适应网卡。1000 Mb/s 网卡中有一部分使用铜缆网卡，使得用户不使用光纤，只使用超 5 类双绞线即可构成千兆网络。图 5.4 所示为服务器网卡。

图 5.3　10/100 Mb/s 自适应网卡

图 5.4　服务器网卡

2) PCMCIA 网卡

PCMCIA 网卡专门用于笔记本电脑，如图 5.5 所示。PCMCIA 总线是专用于笔记本电脑的一种总线，笔记本电脑通常有一个或两个 PCMCIA 插槽，用于功能扩展。PCMCIA 总线分为两种，一种是 16 位的 PCMCIA，另一种是 32 位的 CardBus。CardBus 是一种用于笔记本电脑的新的高性能 PC 卡总线接口标准，它不仅提供了更快的传输速度，而且可以独立于主 CPU，与计算机内存直接交换数据，从而减轻 CPU 的负担。

图 5.5　PCMCIA 网卡

3) USB 网卡

USB 作为一种新型的总线技术，其传输速率远远大于传统的串行口和并行口，安装简单且支持热插拔，被广泛应用于鼠标、键盘、打印机、扫描仪等设备，网卡自然也不例外。当前市场上很多主板采用小板设计，PCI 插槽比较少，还有一些老的笔记本电脑没有配置网卡，这些情况下使用 USB 网卡都是一个不错的选择。USB 网卡其实就是一种外置式网卡，如图 5.6 所示。

图 5.6　USB 网卡

除了上述几种类型的网卡之外，还出现了一种在服务器上使用的网卡类型——PCI-X，它与原来的 PCI 相比在 I/O 速度方面提高了一倍，相比 PCI 接口具有更快的数据传输速度。目前这种总线类型的网卡在市面上比较少见，主要由服务器厂商独家提供。另外还有一种由 Intel 提出、由 PCI-SIG(PCI 特殊兴趣组织)颁布的 PCI-Express 总线，它无论是在速度上还是结构上都比 PCI-X 总线要强许多，这种总线类型并不专用于网卡，有可能在将来取代现行的 AGP 和 PCI 接口，实现计算机内部的总线接口的统一。

除了按总线接口类型分类之外，还可以按端口类型将网卡分为 RJ-45 接口(双绞线)网卡、AUI 接口(粗缆)网卡、BNC 接口(细缆)网卡和光纤接口网卡等。目前大多数局域网使用的是 RJ-45 接口网卡。按接口的数量，网卡可分为单端口网卡、双端口网卡和三端口网卡，以适应不同传输介质的网络，如 RJ-45 + BNC、RJ-45 + BNC + AUI 等。按应用的领域分，网卡可以分为工作站网卡和服务器网卡。服务器网卡由于承担着为网络提供服务的重任，无论在传输速率方面还是稳定性和容错性方面都对网卡有较高的要求。

2. 网卡的选择

网卡作为组建局域网的基本配件，对于整个网络的性能起着决定性作用。在选择网卡时应该综合考虑网络类型、传输介质类型、网络带宽以及网卡的品牌和质量等。

1) 网卡的传输速率与接口类型

计算机网络发展迅速，目前市场上大部分计算机主板上都集成了 10/100 Mb/s 自适应网卡，因此对于大多数新配机器的用户来说，不需要再添加新的网卡。而对于没有集成网卡或者需要安装双网卡的用户，则应该根据需要来选择合适的网卡。现在网卡价格已经非常便宜，几十元就能买一块普通的 10/100 Mb/s 自适应网卡。另外，现在 RJ-45 接口使用最为广泛，许多网络设备都采用此接口，所以一般用户选择 RJ-45 接口的 10/100 Mb/s 自适应网卡就可以了。

2) 网卡的用途

根据工作对象的不同，网卡可以分为服务器网卡和普通工作站网卡。对于台式机，一般的网卡都可以胜任，不用追求高端品牌。而服务器网卡是为了适应服务器的工作特点专门设计的，采用了专门的控制芯片，大量的工作由控制芯片直接完成，从而减轻 CPU 的负担。因此用于这类用途的网卡，应选择性能好的名牌产品，否则会对网络速度产生很大的影响。在安装无盘工作站时，则必须选择支持远程启动的网卡，并且需要经销商提供对应网络操作系统上的引导芯片(Boot ROM)。

3. 网卡的安装

目前大多数计算机主板都集成了 10/100 Mb/s 自适应网卡，因此对于大部分用户来说，不需要再手工安装网卡，只需要安装相应的驱动程序即可。但若用户需要安装双网卡或者需要更换网卡时，则还需要进行网卡的安装操作。

网卡的安装主要分为两部分：硬件安装和网卡驱动程序安装。下面以安装 PCI 网卡为例介绍网卡的安装过程。

(1) 关闭计算机并切断电源，然后打开机箱盖。

(2) 在主板上选择一个未使用的 PCI 插槽，卸去该插槽后面对应的挡板。

(3) 用手轻握网卡两端，垂直对准主板上的 PCI 插槽，向下轻压到位后，再用螺钉固定好。这样网卡的安装就完成了。注意压的过程中要稍用些力，直到网卡的引脚全部压入插槽中为止，同时两手要用力均匀，不能出现一端压入，而另一端翘起的现象。

(4) 安装完成后，盖上机箱盖并紧固机箱螺钉。

(5) 打开计算机，安装网卡驱动程序。

二、交换机

1. 交换机的主要功能

交换机是一种基于 MAC 地址识别、能完成封装转发数据包功能的网络设备。它可以识别数据包中的 MAC 地址信息，并将其存放在内部的 MAC 地址表中。交换机通过查看数据包头部的 MAC 地址信息，可以直接将数据包发往其目标端口，而不会向所有端口转发。另外，一些交换机也可以把网络"分段"，通过对照地址表，交换机只允许必要的网络流量通过交换机。通过交换机的过滤和转发，可以有效地隔离广播风暴，减少误包和错包的出现，避免共享冲突。交换机的主要功能包括物理编址、网络拓扑结构、错误校验、帧序列和流量控制等。目前一些高档交换机还具备一些新的功能，如对 VLAN(虚拟局域网)的支持、对链路汇聚的支持，有的甚至还具有防火墙和路由功能。

2. 交换机与集线器的区别

从工作原理来看，交换机和集线器是有很大差别的。

从 OSI 体系结构来看，集线器属于 OSI 的第一层物理层设备，而交换机属于 OSI 的第二层数据链路层或者更高层设备。

从工作方式来看，集线器采用的是广播方式，在共享网段内每次只能传送一个数据帧，若多个节点同时发送数据帧就会出现冲突，很容易产生"广播风暴"，当网络规模较大时性能会受到很大的影响。而交换机工作的时候，只有发出请求的端口和目的端口之间相互响应，不影响其他端口，因此交换机能够在一定程度上隔离冲突域和有效抑制"广播风暴"的产生。

从带宽来看，集线器不管有多少个端口，所有端口都共享一条带宽，在同一时刻只能有两个端口传送数据，其他端口只能等待，同时集线器只能工作在半双工模式下。而交换机每个端口都有一条独占的带宽，当两个端口工作时并不影响其他端口的工作，同时交换机不但可以工作在半双工模式下，而且可以工作在全双工模式下。

3. 交换机的特点

1) 独享带宽

由于交换机能够智能化地根据地址信息将数据快速传送到目的地，因此它不会像集线器那样在传输数据时"打扰"非收信人，这样交换机在同一时刻可以进行多个端口组之间的数据传输。每个端口都可视为独立的网段，相互通信的双方独自享有全部的带宽，无须同其他设备竞争使用。比如说，当主机 A 向主机 D 发送数据时，主机 B 可以同时向主机 C 发送数据，而且这两个传输都享有网络的全部带宽。假设此时它们使用的是 100 Mb/s 的交换机，那么该交换机此时的总流通量为 2×100 Mb/s = 200 Mb/s。

2) 全双工

当交换机上的两个端口通信时，由于它们之间的通道是相对独立的，因此可以实现全双工通信。

4. 交换机的选择

选择交换机时，主要根据网络的实际需要来选择，同时要注意交换机的各项性能指标，如端口类型、交换方式、背板带宽、网管功能等。对于规模较大的网络，由于需要更多的交换机，产品的价格和售后服务也是要考虑的因素。

1) 端口数量

交换机设备的端口数量是最直观的衡量因素。常见的交换机端口数有 8 口、12 口、16 口、24 口、48 口等。对于一个百人以内规模的企业或校园网环境来说，24 口的交换机既可以作为部门交换机使用，也可以当中心骨干交换机使用。从应用上来说，24 口交换机比 8 口和 16 口的交换机有更大的扩展余地，有利于企业进一步扩展网络。

2) 交换速度

交换机的交换速度是衡量企业内部网传输性能的重要因素。目前 10/100 Mb/s 快速以太网已成为主流，一般的交换机都能够提供全部或部分 10/100 Mb/s 端口，单纯提供 10 Mb/s 端口的交换机已逐渐淡出市场。如果企业对于局域网的传输速度要求较高，那么还是应该选用千兆级的核心交换机作为企业网骨干交换机，但相应地，其价格要远远高于普通的工作组级交换机。

3) 交换方式

目前交换机在传送源端口和目的端口的数据包时采用直通式、存储转发和碎片隔离 3 种数据包交换方式。直通式是指在交换机收到整个数据包之前就已经开始转发数据。存储转发是计算机网络领域使用最为广泛的方式，它将输入端口到来的数据包先缓存起来，然后进行

CRC(循环冗余校验)检查，确定数据包是否正确，并过滤掉冲突包错误，确定数据包正确后，取出目的地址，通过查找 MAC 表找到想要发送的目的地址，然后将该数据包发送出去。碎片隔离是介于前面两者之间的一种解决方案，它先检查数据包的长度，若小于 64B，说明是假包则丢弃，若大于 64B 则发送。存储转发是目前交换机的主流交换方式。

三、路由器

有了集线器和交换机，用户就已经可以组建局域网了。但是当机器的数量达到一定数目时，问题也就来了：对于用集线器构成的局域网而言，由于采用"广播"工作模式，当网络规模较大时，信息在传输过程中出现碰撞、堵塞的情况严重，即使是交换机，这种情况也同样存在。路由器是一种连接多个网络或网段的网络设备，它能将不同网络或网段之间的数据信息进行"翻译"，使它们能够相互"读"懂对方的数据，从而构成一个更大的网络。

1. 路由器的基本功能

路由器的一个作用是连通不同的网络，另一个作用是选择信息传送的线路。选择快捷的近路能大大提高通信速度，减轻网络系统通信负荷，节约网络系统资源，提高网络系统通畅率，从而让网络系统发挥出更大的效益。路由器如图 5.7 所示，其基本功能如下。

(1) 协议转换。路由器可以支持不同网络层协议的转换，实现不同网络间的互联。

(2) 路由选择。当数据分组从互联的网络到达路由器时，路由器能根据分组的目的地址，按某种路由策略，选择最佳路由，将分组转发出去。

(3) 流量控制。通过流量控制，能够避免传输数据的拥挤和阻塞。

(4) 过滤和隔离。路由器可以对网间传输的数据分组进行过滤，并隔离广播风暴。

(5) 分段和组装。当多个网络通过路由器互联时，各网络传输的数据分组的大小可能不同，这就需要路由器对数据分组进行分段或重新组装。

(6) 网络管理。路由器连接多种网络，网间信息都要通过路由器，在这里对网络中的信息流、设备进行监控和管理是比较方便的。因此，高档路由器都配备了网络管理功能，以提高网络的运行效率、可靠性和可维护性。

图 5.7　路由器

2. 路由器与交换机的区别

路由器产生于交换机之后，因此路由器和交换机有一定的联系，它们不是完全独立的两种设备，路由器主要克服了交换机不能路由转发数据包的不足。路由器与交换机的主要区别体现在以下几个方面。

1) 工作层次不一样

最初的交换机工作在 OSI 模型的第二层，即数据链路层，而路由器一开始就设计在 OSI

模型的第三层,即网络层。由于交换机工作在数据链路层,因此它的工作原理比较简单。而路由器工作在网络层,可以得到更多的协议信息,因此路由器可以做出更加智能的转发策略。虽然现在有 3 层交换机,已部分实现了路由器的一些功能,但并不能完全代替路由器。

2) 数据转发所依据的对象不同

交换机利用物理地址来确定是否转发数据;而路由器则利用位于第三层的寻址方法来确定是否转发数据,它使用的是 IP 地址而不是物理地址。IP 地址是在软件中实现的,描述的是设备所在的网络,有时这些第三层的地址也被称为协议地址或者网络地址。物理地址通常是由网卡生产厂商分配并且固化到网卡中去的,而 IP 地址通常由网络管理员分配,这个过程通过软件实现,因此 IP 地址很容易改变。

3) 路由器可以分割广播域

传统的交换机只能分割冲突域,无法分割广播域,而路由器可以分割广播域。由交换机连接的不同网段仍属于同一个广播域,广播数据包会在交换机连接的所有网段上传播,在某些情况下会导致通信拥挤和安全漏洞。连接到路由器上的网段会被分配成不同的广播域,广播数据不会穿过路由器。虽然第三层以上的交换机具有 VLAN 功能,也可以分割广播域,但是各个广播域之间是不能通信交流的,它们之间的交流仍然需要通过路由器实现。

4) 路由器提供防火墙服务

路由器仅仅转发特定地址的数据包,不传送不支持路由协议的数据包和未知目标网络的数据包,从而可以防止广播风暴的产生。

3. 路由器的通信协议

所谓通信协议,是指通信双方的一种约定,包括对数据格式、同步方式、传送速度、传送步骤、检错纠错方式和控制字符定义等做出的统一规定,通信双方必须共同遵守,因此也叫通信控制规程或传输控制规程。

路由协议分为两种:静态路由和动态路由。

由系统管理员事先设置好固定的路由表的称为静态路由表,一般是在系统安装时根据网络的配置情况预先设定的,它不会随未来网络结构的改变而改变,一般用于网络规模不大、拓扑结构固定的网络中。静态路由的优点是简单、高效、可靠,在所有的路由中,静态路由的优先级最高。

动态路由是网络中的路由器之间相互通信、传递路由信息、利用收到的路由信息更新路由器表的过程。动态路由能实时地适应网络结构的变化,如果路由更新信息表明发生了网络变化,路由选择软件就会重新计算路由,并发出新的路由更新信息。这些信息通过各个网络,引起各路由器重新启动其路由算法,并更新各自的路由表以动态地反映网络拓扑变化。动态路由适用于网络规模大、网络拓扑复杂的网络。当然,各种动态路由协议会不同程度地占用网络带宽和 CPU 资源。

静态路由和动态路由有各自的特点和适用范围,在网络中动态路由通常作为静态路由的补充。当一个分组在路由器中进行寻径时,路由器首先查找静态路由,如果查到则根据相应的静态路由转发分组;否则再查找动态路由。

根据是否在一个自治域内部使用,动态路由协议分为内部网关协议(IGP)和外部网关协议(EGP)。这里的自治域是指一个具有统一管理机构、统一路由策略的网络。自治域内部采用的路由选择协议称为内部网关协议，常用的有路由信息协议(RIP，Routing Information Protocol)和开放式最短路优先(OSPF，Open Shortest Path First)；外部网关协议主要用于多个自治域之间的路由选择，常用的是边界网关协议(BGP，Border Gateway Protocol)和 BGP-4。

4．路由器的主要优缺点

路由器虽然属于高档的网络接入设备，但与其他设备一样，具有其优点的同时，也存在一些缺点。

1）优点

(1) 适用于大规模的网络。

(2) 可以适应复杂的网络拓扑结构，是负载共享的最优路径。

(3) 能更好地处理多媒体。

(4) 安全性高。

(5) 能隔离不需要的通信量。

(6) 节省局域网的频宽。

(7) 减少主机负担。

2）缺点

(1) 不支持非路由协议。

(2) 安装复杂。

(3) 价格高。

5．路由器的选择

路由器是组建局域网时经常用到的网络产品，目前市场上路由器的品牌和型号众多，面对这些令人眼花缭乱的产品，相信那些对路由器不太熟悉的用户肯定会感到无从下手。选购路由器应主要从以下几个方面加以考虑。

(1) 实际需求：性能、功能、所支持的协议等必须满足要求，不要盲目追求品牌。

(2) 吞吐量：指路由器对数据包的转发能力。较高档的路由器能对较大的数据包进行正确快速转发；而低档路由器则只能转发小的数据包，对于较大的数据包则需要拆分成许多小的数据包再进行转发。

(3) 可扩展性：要考虑到未来网络升级的需要。

(4) 服务支持：生产厂家售前售后的服务和支持是保证设备长期正常使用的重要因素。

(5) 可靠性：主要考虑产品的可用性、无故障工作时间和故障恢复时间等指标。

(6) 价格：在产品质量、服务都能保证的前提下，希望价格较低。

(7) 品牌因素：通常名牌大厂的产品会有更好的质量和服务。

四、其他网络互联设备

1．中继器

中继器(RP，Repeater)是连接网络线路的一种装置，常用于两个网络节点之间物理信号的双向转发工作。中继器是最简单的网络互联设备，工作在 OSI 的最底层，主要承担物理层的功能，负责在两个节点的物理层上按位传递信息，完成信号的复制、调整和放大，以此来延长网络的长度。

由于存在损耗，在线路上传输的信号功率会逐渐衰减，衰减到一定程度时将造成信号失真，因此会导致接收错误。中继器就是为解决这一问题而设计的，它完成物理线路的连接，对衰减的信号进行放大，使其与原数据相同。

一般情况下，中继器的两端连接的是相同的媒体，但有的中继器也可以完成不同媒体的转接工作。理论上讲，中继器可以无限使用，网络也因此可以无限延长。但事实上这是不可能的，因为网络标准中对信号的延迟范围作了具体规定，中继器只能在此规定范围内进行有效的工作，否则会引起网络故障。以太网络标准中约定一个以太网最多可分成 5 个网段，最多使用 4 个中继器，而且只有 3 个网段可以连接计算机终端。

集线器就是一种特殊的中继器，相比一般中继器，集线器能够提供多个端口服务，所以集线器也被称为多口中继器。

2. 网关

从一个房间走到另一个房间，必然要经过一扇门。同样，从一个网络向另一个网络发送信息，也必须经过一道"门"，这道门就是网关。

网关(gateway)是计算机网络中负责在不同协议间转换使用软件或硬件的设备，它可以将具有不同体系结构的计算机网络连接在一起。在 OSI 模型中，网关属于最高层(应用层)的设备。

网关将不同的协议进行转换，将数据按照目标协议的要求重新分组，以便在两个不同类型的网络之间进行通信。由于协议转换比较复杂，所以通常情况下，网关只进行一对一的转换或者在少数几种特定的应用协议之间进行转换。将网关和多协议路由器组合在一起，可以连接多种不同类型的计算机网络。

TCP/IP 协议中的网关是最常用的，这里所说的"网关"均指 TCP/IP 协议下的网关。网关实质上是一个网络通向其他网络的 IP 地址。比如有网络 A 和网络 B，网络 A 的 IP 地址范围为 192.168.1.1～192.168.1.254，子网掩码为 255.255.255.0；网络 B 的 IP 地址范围为192.168.2.1～192.168.2.254，子网掩码为 255.255.255.0。在没有路由器的情况下，两个网络之间是不能进行 TCP/IP 通信的，即使两个网络连接在同一台交换机(或集线器)上，TCP/IP也会根据子网掩码(255.255.255.0)判定两个网络中的主机处在不同的网络里。要实现这两个网络之间的通信，必须通过网关。如果网络 A 中的主机发现数据包的目的主机不在本地网络中，就把数据包转发给它自己的网关，再由网关转发给网络 B 的网关，网络 B 的网关再转发给网络 B 中的某个主机，如图 5.8 所示。网络 B 向网络 A 转发数据包的过程也是如此。

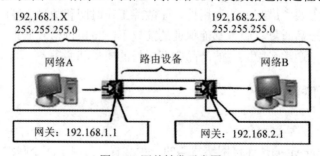

图 5.8　网关转发示意图

3. 网桥

网桥(Bridge)也称桥接器，是将一个网段与另一个网段连接起来的中间设备，用它可以完成具有相同或相似体系结构网络系统的连接，并将网络范围扩大到原来的几倍。一般情况下，被连接的网络系统都具有相同的逻辑链路控制规程(LLC)，但介质访问控制协议(MAC)可以不同。

网桥是数据链路层的连接设备，准确地说它工作在 MAC 子层上。网桥在两个局域网的数据链路层(DDL)间按帧传送信息。

网桥是为各种局域网存储转发数据而设计的，它对于末端节点用户来说是透明的，即末端节点在其报文通过网桥时，并不知道网桥的存在。网桥可以将相同或不同的局域网连在一起，组成一个扩展的局域网络。

五、局域网操作系统

网络操作系统是网络的核心，用来管理网络资源和网络应用，起控制网络并提供人机交互的作用。网络操作系统可以实现操作系统的所有功能，并且能够对网络中的资源进行管理和共享。目前较为常见的网络操作系统主要包括 UNIX、Windows NT/2000/ 2003/2008、NetWare 以及 Linux 等。作为主流的网络操作系统，它们有共同点，也各具特色，被广泛应用于各类网络环境中，并都占有一定的市场份额。网络建设者和网络管理员应该熟悉这几种网络操作系统的特性及优缺点，根据应用目的和具体的应用情况来选择合适的网络操作系统。下面逐一介绍这几种网络操作系统。

1. UNIX 操作系统

UNIX 操作系统是美国贝尔实验室开发的一种多用户、多任务的通用操作系统，支持大型的文件系统服务、数据服务等应用。UNIX 操作系统是目前功能最强、安全性和稳定性最高的网络操作系统，能满足各行各业实际应用的需求，受到广大用户的欢迎，已成为重要的企业级操作平台。

UNIX 操作系统最初是由 AT&T 和 SCO 两家公司共同推出的，UNIX 系统的高稳定性和安全性，以及对大型文件系统、大型数据库系统的支持，使得在服务器领域有卓越硬件开发实力的 SUN 和 IBM 两家公司也加入其中，借助其服务器硬件市场推动了操作系统的发展。目前，UNIX 网络操作系统的版本有 UNIXSVR、BSD UNIX、SUN Solaris 和 IBM-AIX 等。

UNIX 操作系统的优点是：可移植性强，可以在不同类型的计算机上运行；系统安全性与稳定性好，能够支持大型文件系统与数据库系统；对系统应用软件的支持比较完善。

UNIX 操作系统的缺点是：由于其多数是以命令方式来进行操作的，不容易掌握，特别是对于初级用户来说，操作更加困难，因此小型局域网基本不使用 UNIX 作为网络操作系统，UNIX 一般用于大型的网站或大型的局域网中。

2. NetWare 操作系统

Novell 公司的 NetWare 操作系统是基于服务器的网络操作系统，它要求网络中必须有一台专门的服务器。由于其对当时主流操作系统 DOS 命令兼容，且对基础设备要求低，可以方便地实现网络连接与支持，具有对无盘工作站的优化组建、支持更多应用软件的优势，因此在早期的计算机网络中，NetWare 操作系统应用比较普遍。但是不友好的交互方式还是阻碍了其发展，目前只有在金融等需要无盘工作站的特定行业以及设备成本预算比较小的教育部门、小型企业等还有一定的市场。

NetWare 操作系统的优点是：支持多处理器和大容量的物理内存管理；操作相对方便，对设备的要求很低，对于网络的组建具有先天的优势，相对 DOS 能够支持更多的应用，能够支持金融等行业所需的无盘工作站，同时节省成本；能与不同类型的计算机兼容，而且还能与不同类型的操作系统兼容，能够在系统出错时及时自我修复；对入网用户进行注册登记，并采用 4 级安全控制原则，以管理不同级别的用户对网络资源的使用；支持很多游戏软件的开发环境搭建，系统稳定性和 UNIX 系统基本处于同等水平。

NetWare 操作系统的缺点是：操作大部分依靠手动输入命令来实现，人性化显得比较薄弱；对于硬盘的识别最大只能达到 1 GB，无法满足大容量服务器的需求；各版本的升级没有深层次的技术革新。

3. Windows 操作系统

Windows 系列操作系统是微软公司开发的一种界面友好、操作简便的网络操作系统。Windows 操作系统的客户端操作系统有 Windows 95/98/Me、Windows Workstation、Windows 2000 Professional、Windows XP、Windows 7 和 Windows 8 等。Windows 操作系统的服务器端产品包括 Windows NT Server、Windows 2000 Server、Windows Server 2003 和 Windows Server 2008 等。Windows 操作系统支持即插即用、多任务、多对多处理和群集等一系列功能。

1) Windows NT

Windows NT 系列操作系统易于维护和扩展，可以随着系统的升级使用新的技术。由于友好的图形界面很容易被用户接受，因此 Windows 系列产品自研发后一直是市场的主流。Windows NT 操作系统的操作直观、安全等理念的实现，对于网络操作系统的发展具有划时代的意义。

Windows NT 操作系统的优点是：操作直观；功能实用；组网简单；管理方便；安全性能良好。

Windows NT 操作系统的缺点是：运行速度慢；功能不够完善；进行超出系统处理能力的多项并发处理时，单个线程的不响应会使系统不堪重负产生死机现象，需要对服务器进行重启。目前微软公司已停止对其进行任何升级服务，市面上也无该正版产品的销售。

2) Windows 2000 Server

Windows 2000 以 Windows NT 4.0 和 Windows 95/98 为基础，继承了 Windows 操作系统一贯的直观、易用的优点，并增加了许多新的特征和功能，极大地提高和改善了其可靠性、可操作性、安全性和网络功能。Windows 2000 包括 Windows 2000 Server、Windows 2000 Advanced Server、Windows 2000Data Center Server 等产品，在局域网中使用较为广泛的是 Windows 2000 Server 和 Windows 2000 Advanced Server。Windows 2000 Server 可以轻松地处理几乎所有服务器作业。目前微软公司已经停止 Windows 2000 系列产品的销售与系统升级服务。

Windows 2000 Server 操作系统的优点是：操作直观，易于使用；功能随着时代的发展具有大幅的提升，管理更加全面；相对于 NT 版本，当单个线程不响应时，其他线程的处理仍然继续，无须重启系统。

Windows 2000 Server 操作系统的缺点是：运行速度不是非常理想；由于是在原有完整的 NT 内核基础上进行开发，系统的稳定性和安全性被削弱。

3）Windows Server 2003

微软公司于 2001 年 10 月 25 日正式发布了 Windows XP Professional 中文版，根据微软公司的传统做法，其服务器版本也会相继推出，但这次似乎有所变化，该版本的名称起初是 Whistler Server，后来又改成 Windows .NET Server，正式版本发布后又改为 Windows Server 2003。Windows Server 2003 继承了 Windows XP 的人性化界面，对于原内核处理技术进行了重大改革，在安全性能上有了很大的提升，在管理能力上也有了不小的提升，是目前 Windows 服务器产品中的主流产品。Windows Server 2003 共包括 4 个产品，分别为 Windows Web Server、Windows Standard Server、Windows Enterprise Server 和 Windows Data Center Server。其中使用较为广泛的是 Windows Standard Server。Windows Standard Server 可为各类中小型网络用户提供良好的服务性能。

Windows Server 2003 操作系统的优点是：操作方便易用；安全性高；线程处理速度有了不小的提升；管理能力有较大的提升；可提供灵活易用的工具；通过加强策略，使任务自动化管理更方便。

Windows Server 2003 操作系统的缺点是：由于管理功能的增加，需要处理的线程更加繁杂，相对于 Windows 2000 Server 系列操作系统速度有所减慢，安全性能仍有提高空间。

4）Windows Server 2008

与从 Windows 2000 Server 到 Windows Server 2003 系统只进行了相当少的更新不同，Windows Server 2008 对构成 Windows Server 产品的内核代码库进行了根本性的修订。

Windows Server 2008 是迄今为止最灵活、最稳定的 Windows Server 操作系统，其凭借新技术和新功能，成为性能最全面、最可靠的 Windows 平台，可以满足所有的业务负载和应用程序要求，且加强了操作系统的安全性并进行了安全创新突破。新增加的虚拟化技术，可以在一个服务器上虚拟多种操作系统，如 Windows、Linux 等。服务器操作系统内置的虚拟化技术和更加简单灵活的授权策略，可获得前所未有的易用性优势并降低成本。

Windows Server 2008 操作系统的优点是：故障转移集群使高可用性服务器集群的配置、管理与移植变得简单，可自动转移工作指令；全新和强大的命令行工具 Shell 和脚本语言，可帮助实现系统管理任务的自动化；最小化内核攻击面，增强核心安全性，使用户免受攻击困扰。

Windows Server 2008 操作系统的缺点是：非 Windows 以及老 Windows 客户机与微软的网络访问保护(NAP)方案之间缺少兼容性；BitLock 磁盘加密技术使得文件复制的速度变慢。

4. Linux 操作系统

Linux 操作系统是目前广泛应用于计算机的类 UNIX 操作系统，它是从 UNIX 操作系统继承而来的。Linux 操作系统最初是 1993 年由芬兰赫尔辛基大学的学生 Linux Torvalds 开发的，它支持多用户、多任务、多线程、多 CPU。它最大的特点就是源代码开放，基于其平台的开发与使用无须支付任何版权费用，因此成为很多服务器操作系统的首选。另外，任何一个用户都可以根据自己的需要修改 Linux 操作系统的内核，因此 Linux 操作系统的发展非常迅速。目前也有中文版本的 Linux，如 RedHAT(红帽子)、红旗 Linux 等。它的安全性和稳定性在国内得到了用户充分的肯定。它与 UNIX 有许多相似之处。这类操作系统目前仍主要应用于中高档服务器中。

Linux 操作系统的优点是：源代码开放，使得该类网络操作系统的技术完善从民间得到其他厂商无法比拟的雄厚力量，因而其所具有的兼容、安全、稳定的特性也是其他网络操作系统不容易实现的。

Linux 操作系统的缺点是：因为 Linux 操作系统是基于 UNIX 操作系统所做的开发修补，属于类 UNIX 模式，这就决定了其兼容性和其他网络操作系统相比有一定的差距；Linux 操作系统版本过于繁多以及不同版本之间互不兼容也影响着它的流行。

5. 操作系统的选择

局域网选择操作系统时，应从网络自身的特点出发，遵循选择操作系统的基本原则，同时权衡各方面的利弊，选择合适的操作系统。

1) 选择操作系统的依据

(1) 安全性。病毒一旦在网络上流行起来，就很难被清除干净，所以在选择操作系统时一定要考虑其安全性。这要求网络操作系统本身要具有抵抗病毒的能力，同时所选操作系统必须有杀毒软件作为保障。

(2) 可靠性。对网络而言，可靠性的重要性是不言而喻的。在某些业务环境中，停机一分钟的损失都无法估量。因此一个成熟的操作系统必须具有高可靠性。

(3) 易用性。易于使用是对操作系统的最基本的要求。是否满足安装简单、界面友好、升级容易、对硬件要求不是很高等条件，都是选择操作系统的应考虑的问题。

(4) 可维护性。可维护性对用户来说同样非常重要。它要求用户通过简单的学习和培训就能胜任网络的日常维护工作，同时网络维护的成本要低。

(5) 可管理性。可管理性是指系统以及第三方软件对管理的支持。强大的网络管理功能使第三方软件性能更好、功能更全面，方便用户使用。

(6) 可集成性和可扩展性。可集成性就是系统对硬件及软件的兼容能力。网络操作系统作为不同软硬件资源的管理者，应具有广泛的兼容性，尽可能多地管理各种软硬件资源。可扩展性就是对现有系统要有足够充分的扩充能力，随着网络应用的不断扩大，网络处理功能也随之增加。可扩展性可以保证今天的投资能适应今后的发展。

2) 选择合适的操作系统

随着企业业务变得越来越复杂，服务器的操作系统在商务活动的组织和实施过程中发挥着支配作用，选择合适的操作系统也就显得越来越重要。

如果组建中小型局域网，Windows Server 2003 是较好的选择。

如果要组建全新的大型网络，如大型企事业单位有远程互联需求并对稳定性有较高的要求，则可以选择 UNIX。

如果具备 UNIX 操作经验，但服务器配置不高，则可选择 Linux。

5.3　虚拟局域网

虚拟局域网 VLAN(Virtual LAN)不是一种新型的局域网，只是在交换局域网的基础上给用户提供的一种新服务。它的作用主要是防止局域网内产生广播效应，同时对网络用户进行合理分割以增强局域网的安全性。

一、VLAN 概述

1) VLAN 原理

在交换式以太网中，有时站点会发出一种特殊的、以本机地址为源地址、以广播地址为目的地址的帧，这种帧称为广播帧。广播发送方式是网站中一种重要的数据发送方式。所有站点在接收到广播帧并与目的地址进行比较后，如果发现是自己的，就会对该帧的内容进行处理。当网站中的广播帧较少时，不会对网站传输速率和计算机处理速度产生大的影响。可是当网络中的计算机增多后，广播帧数量会急剧增加，网络传输效率随之大幅下降。特别是当站点出现故障而引发广播风暴时，链路上总是有广播帧在发送，每个端口总是在接收帧，很少有机会能将数据帧发送出去，整个网站将会处于半瘫痪状态。因此，当网络内的计算机达到一定数量后(一般限制在 200 台以内)，就必须将一个大的广播域划分为几个小的广播域，以减少广播帧对网站造成的危害。

分割广播域有若干种方案。最简单的方法就是物理 LAN 分割，即将一个完整的物理网络划分为几个子网络，然后将子网通过一个能够隔离广播的路由器连接起来。也可以采用虚拟局域网 VLAN 的方式。所谓虚拟局域网，是指将网络上的站点按需要划分成若干个逻辑工作小组，每一个逻辑工作小组构成一个虚拟网络，同一逻辑工作组的站点不受物理位置束缚和限制，可以分布在不同的物理网段上，但通信效果就像位于同一个物理网段和同一个交换机上一样，如图 5.9 所示。

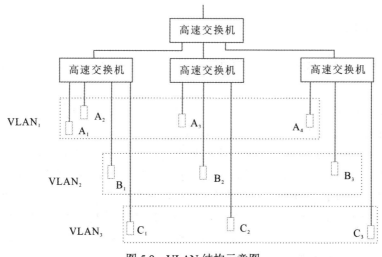

图 5.9　VLAN 结构示意图

2) VLAN 分割与物理 LAN 分割的比较

VLAN 分割与物理 LAN 分割的不同之处在于:

(1) 物理 LAN 分割工作在 OSI 参考模型的第 2 层,而 VLAN 工作在 OSI 模型的第 2 层和第 3 层;

(2) 物理 LAN 分割后各网段间通过交换机进行通信,而 VLAN 之间的通信是通过第 3 层的路由器完成的;

(3) VLAN 提供了物理 LAN 分割之外的另一种控制网络广播的方法;

(4) VLAN 分割需要网络管理员为 VLAN 分配用户;

(5) VLAN 定义了哪一个网络站点可以和其他站点通信,与物理 LAN 分割相比能提高网络的安全性。

3) VLAN 的优势

(1) 提高网络传输性能。网络划分 VLAN 后,由于所有的广播都只在本 VLAN 内进行,而不再扩散到其他 VLAN 上,所以将大大减少广播对网络带宽的占有,提高带宽传输效率,并可以有效地避免广播风暴的产生。

(2) 增强网络安全性。由于交换机只能在同一 VLAN 内的端口之间交换数据,不同 VLAN 的端口不能直接相互访问,因此,通过划分 VLAN,就可以在物理上防止某些非授权用户访问敏感数据,从而提高网络的安全性。

(3) 使网络管理更方便。网络管理员可以通过网络管理软件查到 VLAN 间和 VLAN 内通信数据报的细目分类信息,以及应用数据报的细目分类信息,而这些信息对于确定路由系统和经常被访问的服务器的最佳配置十分有用。通过划分 VLAN,可以使网络管理变得更简单、更轻松、更有效。

(4) 增加了网络连接的灵活性。借助 VLAN 技术,能将不同地点、不同网络、不同用户组合在一起,形成一个虚拟的网络环境,就像使用本地 LAN 一样方便、灵活、有效。VLAN 可以降低移动或变更工作站地址位置的管理成本,特别是一些业务情况有经常性变动的公司使用了 VLAN 后,这部分管理成本将大大降低。

二、VLAN 实现方式

由于交换技术本身就涉及网络的多个层次,因此虚拟局域网也可以在网络的不同层次上实现。

1) 基于端口的 VLAN

基于端口的 VLAN 是最常用的划分 VLAN 的方式,也是最广泛、最有效的 VLAN 应用形式,目前绝大多数 VLAN 协议的交换机都提供这种 VLAN 配置方法。这种划分 VLAN 的方法是根据以太网交换机的交换端口来划分的,它将 VLAN 交换机上的物理端口和 VLAN 交换机内部的 PVC(永久虚电路)端口分成若干个组,每个组构成一个虚拟网,相当于一个独立的 VLAN 交换机。通常由网络管理员使用网络管理软件或直接设置交换机,将某些端口直接分配给特定 VLAN。除非网络管理员重新设置,否则,这些端口将一直属于该 VLAN。这种划分方式也称为静态 VLAN。

　　设置交换机端口时，可以将同一交换机的不同端口划分为同一 VLAN，而且还可以设置跨越交换机的 VLAN，即将不同交换机的不同端口划分至同一 VLAN，这就完全解决了如何将位于不同物理位置、连接至不同交换机中的用户划分到同一 VLAN 中的问题。

　　在许多设备中，不仅可以将不同端口划分至同一 VLAN，还可以将同一端口划分至多个 VLAN，从而提供更大的灵活性。这种被设置到多个 VLAN 中的端口，称为公共端口。例如：某企业为安全起见，将财务部门和技术部门划分到两个 VLAN 中，然而打印服务器和文件服务器却只有一个，那么可以将打印机和服务器所连接的端口设置为公共端口，让其属于所有的 VLAN。这样，两个部门间的计算机既不会相互看到，保证了数据的安全，部门员工又能同时使用打印机和服务器，节省了资金。

　　基于端口的 VLAN 方法的优点是定义 VLAN 成员较简单、相对比较安全；缺点是网络管理员操作比较麻烦；另外，当用户离开原来的端口更换到一个新的端口时，需要管理员重新定义。

　　2) 基于 MAC 地址的 VLAN

　　基于 MAC 地址的 VLAN 是根据每个主机的 MAC 地址来定义 VLAN 的，即基于每个主机的 MAC 地址进行分组，它实现的机制就是每一块网卡都对应唯一的 MAC 地址，VLAN 交换机跟踪属于 VLAN MAC 的地址。

　　当某一站点刚连接到交换机时，交换机端口尚未分配，此时，交换机通过读取站点的 MAC 地址，动态地将该端口划分到特定 VLAN 中。例如，网络内有几台笔记本电脑，当某台笔记本电脑从端口 A 移动到端口 B 时，交换机能自动识别经过端口 B 的源 MAC 地址，动态地将该端口划分到特定 VLAN 中。一旦网络管理员配置好 MAC 地址，用户的计算机就可以随机改变其连接的交换机端口，而不会由此改变自己的 VLAN。当网络中出现未定义的 MAC 地址时，交换机可以按照预先设定的方式向网络管理员报警，再由网络管理员做相应处理。

　　基于 MAC 地址的 VLAN 划分方法的优点是当用户的物理位置移动时，即从一个交换机换到其他交换机时，VLAN 不用重新配置，因为它是基于用户而不是基于交换机的端口。缺点是这种方法要求所有的用户在初始阶段必须配置到一个 VLAN 中，初始配置由人工完成，随后用户会被自动跟踪。在规模较大的网络中，这显然是一件比较繁重的工作，所以这种划分方法通常适用于小型局域网。另外这种划分方法也导致了交换机执行效率的降低，因为在每一个交换机的端口都可能存在很多个 VLAN 组的成员，交换机保存了许多用户的 MAC 地址，查询起来相当不容易。

　　3) 基于网络层的 VLAN

　　基于网络层的 VLAN 就是根据网络层协议划分 VLAN。根据网络层协议可将 VLAN 划分为 IP、IPX、DECnet、AppleTalk、Banyan 等网络，通常我们用网络协议地址定义 VLAN 成员。该方法有助于网络管理员针对具体应用和服务来组织用户，而且用户可以在网络内部自由移动，其 VLAN 成员身份仍然保持不变。以太网中通常使用的是基于 IP 地址的 VLAN，即根据 IP 地址来划分 VLAN。

　　基于网络层的 VLAN 的优点：首先，它允许按照协议类型组成 VLAN，这有利于组成基于业务或应用相同的 VLAN；其次，用户可以随意移动工作站而不必重新配置网络地址，这对于 TCP/IP 协议的用户特别有利。

基于网络层的 VLAN 的缺点：与基于端口的 VLAN 和基于 MAC 地址的 VLAN 相比，基于网络层的 VLAN 性能比较差，这主要是因为检查数据的网络地址比检查数据的 MAC 地址要消耗更多的处理时间，使得其速度低于其他两类 VLAN。

4) 基于 IP 组播的 VLAN

IP 组播 VLAN 是指由网络中被称作代理的设备对虚拟网络的各站点进行管理，当有 IP 广播分组要发送时，就动态建立虚拟局域网的代理，并通知各 IP 站。如果站点响应，就可以加入 IP 广播组，成为虚拟局域网中的一员，还可以和虚拟局域网中的其他站点通信。设备代理和各个响应的 IP 站构成了 IP 组播 VLAN，所有成员只是特定时间段内的特定 IP 组播 VLAN 的成员。

IP 组播 VLAN 具有较强的动态性和灵活性，而且可以通过路由器扩展到广域网，具有广泛的覆盖范围。但由于管理较为复杂，IP 组播 VLAN 与前几种 VLAN 相比网络传输效率不高。

5) 基于策略的 VLAN

基于策略的 VLAN 也称基于规则的 VLAN，是最灵活的 VLAN 划分方法，组成的 VLAN 能实现多种分配方法，包括 VLAN 交换机端口、MAC 地址、IP 地址、网络层协议等。网络管理人员可以使用网管软件设定划分 VLAN 的规则，当一个站点加入网络时，网络设备会发现该站点并将其自动加入正确的 VLAN。该方法能够实现自动配置，并且能对站点的移动和改变实现自动跟踪。

以上 5 种 VLAN 划分方法，除基于端口的 VLAN 是静态 VLAN 配置外，其他四种都属于动态 VLAN 配置。从 OSI 模型的角度看，基于端口的 VLAN 属于物理层划分，基于 MAC 地址的 VLAN 属于数据链路层划分，基于网络层的 VLAN 和基于 IP 组播的 VLAN 属于网络层划分，而基于策略的 VLAN 属于前面四种的组合。

三、VLAN 网络配置案例

1) 案例背景

某商业公司有 60 台计算机，所有计算机均通过交换机和路由器接入 Internet。计算机在各部门的分布为：业务部 30 台，财务部 10 台，人事部 5 台，市场部 15 台。公司网络的基本结构为：整个网络主干部分采用 3 台 Cisco Catalyst 2918 网管型交换机(分别命名为 Switch1、Switch2 和 Switch3)，一台 Cisco 2811 路由器，整个网络都通过路由器 Cisco 2811 接入外部互联。

2) VLAN 划分

根据公司网络结构，需要对业务、财务、市场、人事这四个部门的用户单独划分 VLAN，以确保相应部门网络数据信息的安全，防止数据被窃取或破坏。于是，公司采用了 VLAN 的方法来解决以上问题，即通过交换机把公司四个主要部门的用户分别划入各自的 VLAN，对应的 VLAN 名称分别为 Yewu、Caiwu、Shichang 和 Renshi，各自 VLAN 组所对应的交换机端口如表 5.1 所示。

表 5.1 公司 VLAN 划分表

VLAN 号	VLAN 名称	交换机端口号
2	Yewu	Switch1 Fa0/2-Fa0/21、Switch2 Fa0/2-Fa0/11
3	Caiwu	Switch2 Fa0/12-Fa0/21
4	Shichang	Switch3 Fa0/2-Fa0/16
5	Renshi	Switch3 Fa0/17-Fa0/21

3) VLAN 配置

单交换机内的 VLAN 配置过程只需两步:

(1) 为各 VLAN 组命名;

(2) 把相应的交换机端口加入到各种 VLAN 中。

如创建业务部 VLAN,只需在交换机配置的特权模式输入 "vlan 2 name Yewu",即可创建业务部 VLAN。接下来将相应交换机端口加入自己所属的 VLAN(如将 Switch1 的 Fa0/2端口加入 Yewu VLAN),只需在配置模式下输入 int e0/2 进入 Fa0/2 端口配置状态,然后输入 "switchport access vlan 2",即可将 Fa0/2 端口加入 Yewu VLAN,连接该端口的 PC 则属于 Yewu VLAN。

另外,如果需要创建跨交换机的 VLAN(如本案例中 Yewu VLAN 跨 Switch1 和Switch2 两个交换机),实现跨交换机之间的 VLAN 通信,则在 Switch1 和 Switch2 上分别定义 Yewu VLAN 后,就必须建立 Trunk 链路。如在本案例中,Switch1 和 Switch2 通过各自的 Fa0/22 端口开通 Trunk,即可建立 Trunk 链路,用于两个交换机上 Yewu VLAN的数据传递。

开通 Trunk 的方法是:进入交换机级联端口的(这里为 Fa0/22)配置模式,然后输入 "Switchport mode trunk" 即可开通 Trunk。配置完 Trunk 后,就可以实现跨交换机的 VLAN通信。

5.4 无线局域网

无线局域网 WLAN 是计算机与无线通信技术相结合的产物,它使用无线信道来接入网络,为通信的移动化、个人化和多媒体应用提供了技术支持,并成为宽带接入的有效手段之一。

一、无线局域网概述

1) 无线局域网标准

(1) IEEE 802.11 无线局域网标准。IEEE 802.11 标准定义了单一的 MAC 层和多样的物理层,其物理层标准主要有 IEEE 802.11b、a、g 和 n。

(2) IEEE 802.11b。IEEE 802.11b 标准是 IEEE 802.11 协议标准的扩展,1999 年 9 月正

式通过。它可以支持最高 11 Mb/s 的数据速率，运行在 2.4 GHz 的 ISM 频段上，采用的调制技术是 CCK。

(3) IEEE 802.11a。IEEE 802.11a 工作在 5 GHz 频段上，使用 OFDM 调制技术，可支持 54 Mb/s 的传输速率。

(4) IEEE 802.11g。2003 年 7 月，802.11 工作组批准了 802.11g 标准。IEEE 802.11g 在 2.4 GHz 频段使用 OFDM 调制技术，使数据传输速率提高到 20 Mb/s 以上。IEEE 802.11g 标准能够与 802.11b 的 WiFi 系统互相连通。

(5) IEEE 802.11n。IEEE 802.11n 计划将 WLAN 的传输速率从 802.11a 和 802.11g 的 54 Mb/s 增加至 108 Mb/s 以上，最高速率可达 320 Mb/s。IEEE 802.11n 计划采用 MIMO 与 OFDM 相结合的方式，使传输速率成倍提高。IEEE 802.11n 标准全面改进了 802.11 标准，不仅涉及物理层标准，同时也采用新的高性能无线传输技术提升 MAC 层的性能，优化数据帧结构，提高网络的吞吐量。

2) IEEE 802.11 无线局域网的物理层关键技术

随着无线局域网技术的应用日渐广泛，用户对数据传输速率的要求越来高。但是在室内这个较为复杂的电磁环境中，多径效应、频率选择性衰落和其他干扰源的存在使得实现无线信道中的高速数据传输比实现有线信道中的高速数据传输更困难，WLAN 需要采用合适的调制技术。

IEEE 802.11 无线局域网是一种能支持较高数据传输速率(1～54 Mb/s)，采用微蜂窝结构的自主管理的计算机局域网络。其关键技术有 DSSS/CCK、PBCC 和 OFDM。每种技术皆有其特点，目前，扩频调制技术正成为主流，而 OFDM 技术由于其优越的传输性能成为人们关注的新焦点。

3) 无线局域网组件

无线网络的硬件设备主要包括 4 种：无线网卡、无线 AP、无线路由器和无线天线。当然，并不是所有的无线网络都需要这 4 种设备，事实上，只需几块无线网卡，就可以组建一个小型的对等式无线网络。当需要扩大网络规模时，或者需要将无线网络与传统的局域网连接在一起时，才需要使用无线 AP。只有当实现 Internet 接入时，才需要无线路由。而无线天线主要用于放大信号，以接收更远距离的无线信号，从而扩大无线网络的覆盖范围。

(1) 无线网卡。无线网卡的作用类似于以太网中的网卡，作为无线网络的接口，实现与无线网络的连接。无线网卡根据接口类型的不同，主要分为三种：PCMCIA 无线网卡、PCI 无线网卡和 USB 无线网卡。如图 5.10 所示的 PCMCIA 无线网卡仅适用于笔记本电脑，支持热插拔，可以非常方便地实现移动式无线接入。

图 5.10　PCMCIA 网卡

如图 5.11 所示的 PCI 接口无线网卡适用于普通的台式计算机。

图 5.11　PCI 接口无线网卡

如图 5.12 所示的 USB 接口无线网卡适用于笔记本电脑和台式机，支持热插拔。不过，由于 USB 网卡对笔记本而言是个累赘，因此，USB 网卡通常被用于台式机。

图 5.12　USB 接口无线网卡

(2) 无线 AP，即无线接入点(access point)，如图 5.13 所示，其作用类似于以太网中的集线器。当网络中增加一个无线 AP 之后，既可成倍地扩展网络覆盖直径，也可使网络中容纳更多的网络设备。通常，一个 AP 可以支持多达 80 台计算机的接入。

图 5.13　无线 AP

无线 AP 都拥有一个或多个以太网接口，用于无线与有线网络的连接，可以将安装双绞线网卡的计算机与安装无线网卡的计算机连接在一起，从而实现无线与有线的无缝融合。借助 AP 可接入固定网络的特性，还可以将分散布置在各处的无线 AP 利用双绞线连接在一起，实现无线漫游。另外，借助 AP 还可以实现若干固定网络的远程廉价连接，既无需架设光缆，也无需考虑可能因施工带来的各种麻烦。

无线 AP 也通常拥有一个或多个以太网接口。如果网络中原来就有安装了双绞线网卡的计算机，可以选择多以太网端口的无线 AP，实现无线与有线的连接。否则，可以选择拥有一个以太网端口的无线 AP，从而节约购置资金。

　　(3) 无线网桥。安装于室外的无线 AP 通常称为无线网桥，如图 5.14 所示，其主要用于实现室外的无线漫游、无线网络的空中接力，或用于搭建点对点、点对多点的无线连接。

图 5.14　无线网桥

　　(4) 无线路由器。如图 5.15 所示的无线路由器事实上就是无线 AP 与宽带路由器的结合。借助无线路由器，可实现无线网络中的 Internet 连接共享，实现 ADSL、Cable Modem 和小区宽带的无线共享接入。如果不购置无线路由，就必须在无线网络中设置一台代理服务器才可以实现 Internet 连接共享。

图 5.15　无线路由器

　　无线路由器也通常拥有一个或多个以太网接口。如果家庭中原来拥有安装双绞线网卡的计算机，可以选择多端口无线路由器，实现无线与有线的连接，并共享 Internet。否则，可以选择拥有一个以太网端口的无线路由器，从而节约成本。

　　(5) 无线天线。当计算机与无线 AP 或其他计算机相距较远时，随着信号的减弱，会出现传输速率明显下降，或者根本无法实现与 AP 或其他计算机之间通信的情况，此时，就必须借助无线天线对所接收或发送的信号进行增强。

　　无线天线有许多种类型，常见的有两种，一种是室内天线，一种是室外天线。室内天线主要有两种，即板状定向天线和柱状全向天线，如图 5.16 所示。室外天线的类型比较多，常见的有两种，即锅状定向天线和棒状全向天线。

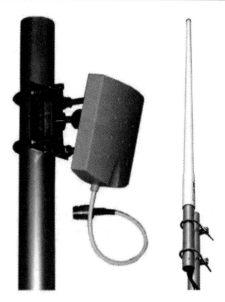

图 5.16　室内天线

(6) 其他无线产品。远程供电模块用于借助双绞线为无线网桥提供远程供电，避免线缆随着距离延长而导致信号衰减，从而便于无线网桥的部署。

无线打印共享器直接连接打印机的并行口，从而实现无线网络与打印机的连接，使无线网络中的计算机能够共享打印机。如图 5.17 所示为无线打印共享器。除此之外，还有无线摄像头，如图 5.18 所示，用于远程无线监控等。

图 5.17　无线打印共享器

图 5.18　无线摄像头

二、无线局域网的接入方式

目前，无线局域网的接入方式主要有以下四种：对等无线网络、独立无线网络、接入以太网的无线网络和无线漫游的无线网络。

1) 对等无线网络

对等无线网络方案通常只使用无线网卡。因此，只要为每台计算机插上无线网卡，就可以构建出最简单的无线网络，实现计算机之间的连接和通信。对等无线网络方案最适合组建小型的办公网络和家庭网络，如图 5.19 所示。

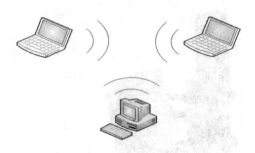

图 5.19　对等无线网络

2) 独立无线网络

独立无线网络是指无线网络内的计算机之间构成的一个独立的网络，它无法实现与其他无线网络和以太网络的连接。如图 5.20 所示，独立无线网络使用一个无线访问点(AP)和若干无线网卡。

图 5.20　独立无线网络

独立无线网络方案与对等无线网络方案非常相似，所有的计算机中都安装有一块网卡。不同的是，独立无线网络方案中加入了一个无线访问点(AP)。无线访问点类似于以太网中的集线器，可以对网络信号进行放大处理，一个工作站到另外一个工作站的信号都可以经由该 AP 放大并进行中继。因此，拥有 AP 的独立无线网络的网络直径将是无线网络有效传输距离的一倍，在室内通常为 60 m 左右。

3) 接入以太网的无线网络

当无线网络用户足够多时，应当在有线网络中接入一个无线接入点(AP)，从而将无线网络连接至有线网络主干。AP 在无线工作站和有线主干之间起网桥的作用，可以实现无线与有线的无缝集成，既允许无线工作站访问网络资源，同时又为有线网络增加了可用资源，如图 5.21 所示。

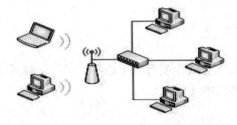

图 5.21　接入以太网的无线网络

该方案适用于将大量的移动用户连接至有线网络的情况，能够以低廉的价格实现网络直径的迅速扩展，或为移动用户提供更灵活的接入方式。

4) 无线漫游的无线网络

在无线漫游的无线网络中，访问点作为无线基站和现有网络分布系统之间的桥梁，当用户从一个位置移动到另一个位置时，或者一个无线访问点的信号变弱或访问点由于通信量太大而拥塞时，可以连接到新的访问点，而不中断与网络的连接。这种方式与蜂窝移动电话非常相似，通过将多个 AP 各自形成的无线信号覆盖区域进行交叉覆盖，实现各覆盖区域之间的无缝连接。所有 AP 通过双绞线与有线骨干网络相连，形成以固定有线网络为基础，无线覆盖为延伸的大面积服务区域，所有无线终端通过就近的 AP 接入网络，可访问整个网络资源。蜂窝覆盖大大扩展了单个 AP 的覆盖范围，突破了无线网络覆盖半径的限制，用户可以在 AP 群覆盖的范围内漫游，而不会和网络失去联系或通信中断。

无线蜂窝覆盖结构具有以下优势：增加覆盖范围，实现全场覆盖；实现众多终端用户的负载平衡；可以动态扩展，系统可伸缩性大；对用户完全透明，保证覆盖场内服务无间断。

由于多个 AP 信号覆盖区域相互交叉重叠，因此，各个 AP 覆盖区域所占频道之间必须遵守一定的规范，邻近的相同频道之间不能相互覆盖，否则会造成 AP 在信号传输时相互干扰，从而降低 AP 的工作效率。在可用的 11 个频道中，仅有 3 个频道是完全不覆盖的，分别是频道 1、频道 6 和频道 11，利用这些频道作为多蜂窝覆盖是最合适的，如图5.22 所示。

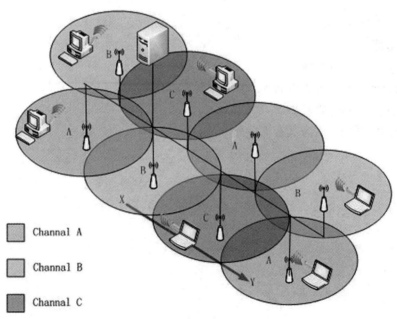

图 5.22　无线漫游的无线网络频道(Channal)

无线蜂窝覆盖技术的漫游特性使其成为应用最广泛的无线覆盖方案，该技术适合在学校、仓库、机场、医院、办公室、会展中心等不便于布线的环境使用，能够快速简便地建立起区域内的无线网络，用户可以在区域内的任何地点进行网络漫游，从而解决了有线网络无法解决的问题，为用户带来了极大的便利。

无线局域网络在大楼之间、餐饮及零售、医疗、企业、仓储管理、货柜集散场、监视系统、展示会场等场所都有较为广泛的应用，发展前景十分广阔。

本 章 小 结

　　本章重点讨论了局域网的相关技术、局域网相关概念以及技术标准、常见的局域网组网设备以及选择标准。

　　通过对本章内容的学习，应了解：虚拟专用网指的是依靠 ISP 和其他 NSP，在公用网络中建立的专用数据通信网络；无线局域网(WLAN)是计算机与无线通信技术相结合的产物，它使用无线信道来接入网络，为通信的移动化、个人化和多媒体应用提供了潜在的手段，并成为宽带接入的有效手段之一。

练 习 题

一、填空题

　　1. IEEE 802 标准将数据链路层划分为两个子层，即_____和_____。

　　2. 网卡又称_____或_____，用以连接计算机和网络，是组建局域网不可缺少的基本配置。

　　3. VLAN 的全称是_____。

二、简答题

　　1. 常见局域网标准有哪些？

　　2. 路由器的选择标准有哪些？

　　3. VLAN 的优点有哪些？

　　4. 无线局域网的接入方式有哪些？

第6章　广域网技术

6.1　广域网概述

　　网络按范围大小可分为局域网、城域网和广域网。多个局域网互联构成了广域网。广域网(WAN，Wide Area Networks)提供远距离通信，将地理位置相隔很远的局域网互联起来，其地理覆盖范围由数千米到数千千米，可以连接若干个城市、地区甚至国家。Internet 就是最著名的广域网，由全球成千上万的局域网和城域网组成。广域网的设备主要是交换机和路由器，设备之间采用点到点线路连接。

一、广域网与局域网的比较

　　广域网与局域网可以从地理覆盖范围、拓扑结构、协议层次等方面来比较。

　　1) 地理覆盖范围

　　广域网比局域网的覆盖范围大。广域网的地理范围能够覆盖一个或多个城市，达到数千米以上。而局域网通常只覆盖一个房间、一栋大楼或一个小区，一般只有几百米的覆盖范围。

　　2) 拓扑结构

　　广域网一般是端到端的通路结构，但为了提高网络的可靠性，也会采用点到多点的连接。而局域网通常采用多点接入、共享传输介质的方法，本质上是共享介质型的。

　　3) 协议层次

　　广域网需要考虑路由选择的问题，因此，广域网协议主要在物理层、数据链路层和网络层。而局域网在不考虑互连的情况下，其协议主要在物理层和数据链路层。

　　4) 传输速率和传播时延

　　广域网的数据传输速率通常比局域网低，信号的传播延迟比局域网大。广域网的典型速率是从 56 kb/s 到 622 Mb/s，传播延迟可以达到几毫秒到几百毫秒（使用卫星信道时）。而局域网的典型速度是 10 Mb/s、100 Mb/s 和 100 Mb/s，传输延迟只有几毫秒。

　　随着网络设备和软件的发展，广域网与局域网的交界越来越模糊。但是利用传输介质、协议、拓扑结构等依据仍然可以比较清晰地进行网络范围的定位和划分。如某一类型的网络一般结束在传输介质改变的地方，那么从双绞线转变为光纤的地方往往是局域网与广域网的连接点；虽然一个网络可以使用一个或多个协议，但协议改变之处通常是两类网络的边界；网络拓扑结构的变化往往也是网络类型的变化，当拓扑结构由星型变为环型时，就可能是星型局域网连接到环型广域网的边界。

二、广域网的类型

根据传输网络归属的不同,广域网可以分为公共 WAN 和专用 WAN 两大类。公共 WAN 一般由政府电信部门组建、管理和控制, 网络内的传输和交换装置可以租用给任何部门和单位使用。专用 WAN 是由一个组织或团体自己建立、控制、维护并为其使用的私有网络。专用 WAN 还可以通过租用公共 WAN 或其他专用 WAN 的线路来建立。专用 WAN 的建立和维护成本要比公共 WAN 大,但对于特别重视安全和数据传输控制的公司,拥有专用 WAN 是实现高水平服务的保障。

根据采用的传输技术的不同, 广域网可以分为电话交换网、分组交换广域网和同步光纤网络三类。电路交换网采用电路交换技术,包括公共电话交换网(PSTN, Public Switched Telephone Network)和综合业务数字网(ISND, Integrated Services Digital Network)。分组交换广域网采用分组交换技术,常见的分组交换广域网包含 X.25 网络、帧中继网络、ATM 网络和 MPLS(Multi-Protocol Label Switching)网络。常见的光网络通信协议是 SONET (Synchronous Optical Network)和 SDH(Synchronous Digital Hierarchy)。

三、广域网的连接设备

广域网中的设备多种多样。放置在用户端的设备称为客户端设备(CPE, Customer Premises Equipment), 又称为数据终端设备(DTE, Data Terminal Equipment), 它是 WAN 上进行通信的终端系统,如路由器、终端或 PC。大多数 DTE 的数据传输能力有限,两个相距较远的 DTE 不能直接连接起来进行通信。所以, DTE 首先使用铜缆或光纤连接到最近服务提供商的中心局(CO, Central Office)设备,再接入 WAN。从 DTE 到 CO 的这段线路称为本地环路(Local Loop)。给 DTE 和 WAN 网络之间提供接口的设备称为数据电路端接设备(DCE, Data Circuit-terminating Equipment), 如 WAN 交换机或调制解调器。DCE 将来自 DTE 的用户数据转变为 WAN 设备可接受的形式,提供网络内的同步服务和交换服务。DTE 和 DCE 之间的接口要遵循物理层协议, 即物理层接口标准, 如 EIA/TIA-232、X.21、EIA/TIA-449、V.24、V.35 和 HSSI 等。当通信线路是数字线路时, 设备还需要一个信道服务单元(CSU, Channel Service Unit)和一个数据服务单元(DSU, Data Service Unit)。这两个单元往往合并为同一个设备,内建于路由器的接口卡中。而当通信线路是模拟线路时, 则需要使用调制解调器。

6.2　电路交换广域网

电路交换是广域网的一种交换方式, 它在每一次会话过程中都需要建立、维持和终止一条专用的物理电路。电路交换的操作过程与普通电话的拨叫过程相似。公共电话交换网和综合业务数字网(ISDN)均属于典型的电路交换广域网。

一、公共电话交换网

公共电话交换网(PSTN，Public Switched Telephone Network)是用于传输语言的网络。通信双方在建立连接后，独占一条信道，即使通信双方无信息传输，该信道也不能被其他用户利用。

PSTN 由三部分组成：本地环路、干线和交换机。本地环路也称用户环路，是指从用户到最近的交换局或中心局这段线路，基本上采用模拟线路。而干线和交换机则采用数字传输和交换技术。因此，当两台计算机通过 PSTN 传输数据时，必须经调制解调器实现计算机的数字信号与本地环路的模拟信号间的相互转换，如图 6.1 所示。

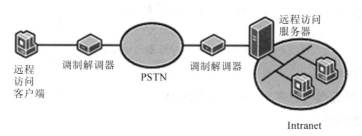

图 6.1　使用 PSTN 进行数据传输

使用 PSTN 实现数据通信是最廉价的。用户可以使用普通拨号电话线或租用一条电话专线进行数据传输。但由于 PSTN 线路没有差错控制，带宽有限，再加上 PSTN 交换机没有存储功能，因此 PSTN 网络的传输质量较差，只适用于对通信质量要求不高的场合。目前，通过 PSTN 进行数据传输的最高速率不超过 56 kb/s。

二、综合业务数字网

综合业务数字网(ISDN，Integrated Services Digital Network)以综合数字电话网为基础，是 20 世纪 80 年代 ITU 为了在数字线路上传输数据而开发的，用以提供语音、数据、图形和视频数字服务。

需要 ISDN 服务的用户可以从本地电话公司获取一条俗称"一线通"的数字 ISDN 线路，连接多个设备，例如传真、计算机和数字电话。

1. ISDN 的基本概念

PSTN 使用的是本地环路传输模拟信号，而 ISDN 使用的是数字技术，需要以高速数字设备替代传统的模拟电话设备。因此，用户是否可以使用 ISDN，取决于当地电话公司是否提供该项服务、所在城市的电信设备是否支持 ISDN。对于运营商来说，替换 PSTN 中的模拟线路和机电的老式交换机会产生较高的成本。

ISDN 拥有以下优点：能够在一个网络上同时提供语音、数据和视频服务；具有和 OSI 参考模型相容的分层协议结构；以 64 kb/s、384 kb/s、1536 kb/s 倍数的方式提供通信信道；具有交换和非交换连接服务；宽带 ISDN 的传输速率可以达到 155 Mb/s 或更高。

ISDN 的通信层次对应着 OSI 参考模型的物理层、数据链路层、网络层和传输层，如图 6.2 所示。物理层提供信号传输和竞争检测，以避免出现一条线路上两个节点同时发送数据的情况；数据链路层控制信令，提供可靠的通信检测；网络层处理呼叫的建立和拆除，以及通过电路交换和包交换建立连接；传输层确保连接建立后的网络可靠性。

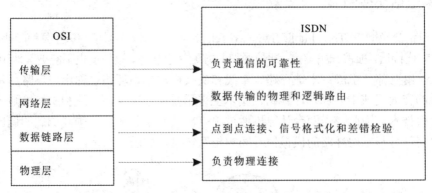

图 6.2　ISDN 的通信层和 OSI 参考模型的对应关系

2. ISDN 的类型

ISDN 有两种类型：窄带 ISDN 和宽带 ISDN。

1) 窄带 ISDN(N-ISDN)

N-ISDN 是基于综合数字电话网络(IDN)发展起来的。其目标是提供经济、有效、端到端的数字连接，以支持语音和数据服务。IDN 用户的访问是通过统一的用户网络接口标准实现的。

2) 宽带 ISDN(B-ISDN)

B-ISDN 是基于 ATM 交换技术，支持数据、语音和视频等综合服务的宽带传输网络，是 N-ISDN 的进一步扩展。B-ISDN 使用全光纤线路，支持高速数据传输速率，将数据、语音和视频等信号数字化处理后，集中到一个网络中传输。

3) ISDN 设备的接口速率

ISDN 使用两类信道：B 信道和 D 信道。B 信道也称为承载信道(Bearer Channel)，以帧的形式传输语音、数据和传真信息，使用 HDLC 和 PPP 协议。D 信道也称为数据信道(Data Channel)，用于运载控制信息(如呼叫的建立和拆除)，使用基于 HDLC 的 LAPD 协议。

ISDN 设备有两种速率的接口：基本速率接口(BRI)和基群速率接口(PRI)。

BRI 的数据传输速率为 144 kb/s，由 3 个信道构成：2 个 64 kb/s 的 B 信道用于传输数据、语音和视频，1 个 16 kb/s 的 D 信道用于传输通信信令、包交换和信用卡验证。BRI 使用双绞电话线延伸到用户的居住区，连接到一个终端适配器上。该适配器是模拟的调制/解调设备。

PRI 支持更快的数据传输速率，可达到 1.536 Mb/s。在美国和日本，每个 PRI 干线由 23 个 64 kb/s 的 B 信道和 1 个 64 kb/s 的 D 信道组成；在欧洲，每个 PRI 干线由 30 个 64 kb/s 的 B 信道和 1 个 64 kb/s 的 D 信道组成。PRI 通过多路复用器或者程控交换机连接到用户的居住区。多路复用器适用于 LAN 到 LAN 的连接或者 ISP 站点连接。程控交换机主要用在视频会议和电话呼叫中心中。如果在一个地点使用多个 PRI 干线，可以只购买其中的第一个或者前两个 D 信道(第二个信道用作备份)来传输信令。

4) ISDN 的连接设备

ISDN 可以使用双绞线或者光纤连接，首选光纤，因为光纤可以提供最好的高速连接，特别适合 PRI 和 B-ISDN。如果使用双绞线，则需要考虑以下问题：服务提供商和用户之间的本地环路被限制在 5.5 km 之内，若超过这个距离，则需要使用中继器进行延长；必须采用高质量的线缆，避免不兼容的电话线或者在电信配线中间使用过多的交叉连接导致信号变形；原有的线路调节装置和模拟信号噪音消除设备应被移除，否则会导致数字信号失真。

ISDN 和非 ISDN 设备通过网络终端适配器(NTA)连接到 ISDN 广域网上。NTA 的原理和网卡(NIC)相似，可以将 ISDN 终端设备(TE)，例如访问服务器和终端适配器(TA)，连接到 ISDN 广域网上。NTA 的接口类型有 3 种：U 接口、R 接口和 ST 接口。U 接口在双绞线电缆上提供全双工的通信，用于单独连接的设备；R 接口用于连接非 ISDN 电话，向其提供受限的 ISDN 服务；ST 接口可以将发送和接收的信号分流到不同的双绞线上，提供完全的 ISDN 服务，通常用于将计算机和电话连接到广域网上。局域网到 ISDN 广域网的连接通常是由路由器的 ISDN 接口模块或者访问服务器中的类似模块完成的。

6.3　分组交换广域网

与电路交换相比，分组交换是针对计算机网络设计的交换技术，可以最大限度地利用带宽。目前，大部分广域网是基于分组交换技术建立的。

一、X.25 网络

X.25 是最古老的广域网协议之一，20 世纪 70 年代由国际电报电话咨询委员会(CCITT，Consultative Committee on International Telegraph and Telephone)提出，于 1976 年 3 月正式成为国际标准，1980 年和 1984 年又进行了补充修订。习惯上，将采用 X.25 协议的公用分组交换网叫作 X.25 网络。

X.25 网络刚出现时，传输速度限制在 64 kb/s 以内。1992 年，ITU-T 更新了 X.25 标准，传输速度可达到 2.048 Mb/s。X.25 协议不是高速广域网协议，但也有其优势：获得了全球性的认可；可靠性较高；具有连接老式局域网和广域网的能力；具有将老式主机和微型机连接到广域网的能力。

1. X.25 的网络层次结构

虽然 X.25 协议出现在 OSI 参考模型之前，但是 ITU-T 规范定义了 DTE 和 DCE 之间的分层通信，与 OSI 参考模型下三层对应，分别为物理层、数据链路层和网络层，如图 6.3 所示。

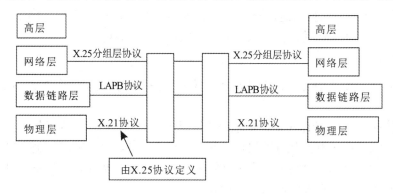

图 6.3　X.25 的网络层次结构

X.25 的物理层协议是 X.21，它定义了主机与网络之间的物理、电气、功能以及过程等特性，控制通信适配器和通信电缆的物理和电子连接。物理层使用同步方式传输帧，包含电压级别、数据位表示、定时及控制信号。但实际上，支持该物理层标准的公用网非常少，原因是它要求用户在电话线路上使用数字信号，而不能使用模拟信号。CCITT 定义了一个类似 PC 串行通信端口 RS-232 标准的模拟接口标准作为临时性措施。

X.25 的数据链路层描述了用户主机与分组交换机之间的可靠传输，负责处理数据传输、编址、错误检测校正、流控制和 X.25 帧的组成等。X.25 数据链路层包含了以下四种协议。

(1) 均衡式链路访问过程协议(LAPB，Link Access Procedure-Balanced)：源自 HDLC，具有 HDLC 的所有特征，用来建立或断开虚拟连接，形成逻辑链路连接。

(2) 链路访问协议(LAP，Link Access Protocol)：是 LAPB 协议的前身，现已较少使用。

(3) ISDND 信道链路访问协议(LAPD，Link Access Protocol Channel D)：源自 LAPB，用于 ISDN 网络，在 D 信道上完成 DTE 之间(特别是 DTE 和 ISDN 节点之间)的数据传输。

(4) 逻辑链路控制(LLC，Logical Link Control)：一种 IEEE 802 局域网协议，使得 X.25 数据包能在 LAN 信道上传输。

X.25 的网络层采用分组级协议(PLP，Packet Level Protocol)，描述主机与网络之间的相互作用，处理信息的顺序交换，确保虚连接的可靠性。X.25 网络层处理分组定义、寻址、流量控制以及拥塞控制等问题，主要功能是允许用户建立虚电路，然后在已建立的虚电路上发送最大长度为 128 字节的数据报文。一条电缆上，可以同时支持多个虚连接，每个虚连接在两个通信节点之间提供一条数据路径。

2. X.25 的传输模式

X.25 网络是面向连接的，确保每个包都可以到达目的地。X.25 网络通过下列三种模式传输数据。

1) 交换型虚拟电路(SVC，Switched Virtual Circuit)

SVC 是通过 X.25 交换机建立的一种从节点到节点的双向信道，是一种逻辑连接，只在数据传输期间存在。一旦两节点间的数据传输结束，SVC 就被释放，以供其他节点使用。

2) 永久型虚拟电路(PVC，Permanent virtual Circuit)

PVC 是一种始终保持的逻辑连接，在数据传输结束后仍会保持。PVC 类似于租用的专用线路，由用户和电信公司经过商讨预先建立，用户可直接使用。

3) 数据报

数据报是面向无连接的。X.25 封装 IP 数据报，并将 IP 网络地址简单映射到 X.25 网络的目标地址。

X.25 网络是在物理链路传输质量很差的情况下提出的。所以，为了保障数据传输的可靠性，在每一段链路上都要执行差错校验和出错重传机制。这一方面限制了传输效率，但另一方面为用户数据的安全传输提供了良好保障。X.25 还提供了流量控制，以防止发送方的发送速度远大于接收速度时网络产生拥塞。

3. X.25 网络的连接特性

X.25 网络使用下列设备。

(1) DTE：可以是终端，也可以是从 PC 或大型机等各种类型的主机。

(2) DCE：可以是 X.25 适配器、访问服务器或交换机等网络设备，用来将 DTE 连接到 X.25 网络。

(3) 包拆装器(PAD，Packet Assembler/Disassembler)：将数据打包为 X.25 格式，并添加 X.25 地址信息的设备，能提供差错检验功能。

(4) 包交换机(PSE，Packet-Switching Exchange)：X.25 网络中位于运营商站点的一种交换机。客户的 DCE 通过高速电信线路(如 T-1 或 E-1 线路)连接在 PSE 上。

这些设备组成了 X.25 网络。网络中每个 DTE 均通过 PAD 连接在 DCE 上。DTE 将数据消息整理为包的形式发送给 PAD。PAD 具有多个端口，可以为每个连接的计算机系统建立不同的虚电路，按 X.25 格式将数据格式化并进行编址后发送给 DCE。DCE 接受并存储数据包在缓冲区中，直到预期的传输信道可用，再转发给 PSE。PSE 将 X.25 格式的数据包路由到 X.25 网络中的目标 DCE，目标 DCE 再将数据包发送给 PAD。

X.25 网络的维护依赖于四个协议：描述 PAD 功能的标准协议 X.3 协议、在用户终端和 PAD 之间使用的 X.28 协议、用于 PAD 和 X.25 网络之间的 X.29 协议及定义 DTE 和 DCE 之间数据传输的起始/终止的 X.20 协议。

X.25 协议在最初创建时并没有考虑到与其他类型网络的共同使用问题，但随着其他广域网协议的使用，这种需要越来越迫切。于是，ITU-T 定义了 X.75 协议，也称为网关协议，将 X.25 连接到其他包交换网络上。另一个协议 X.121 包含了各地区及各国的交换机编址技术，保证 X.25 网络可以成功连接到其他广域网。

从 20 世纪 70 年代起，X.25 一直发挥着重要作用。基于 IP 协议的互联网是无连接的，只提供尽力传递服务，没有服务质量可言。而 X.25 网是面向连接的，能够提供可靠的虚电路服务，同时能够保证服务质量。但到 20 世纪 90 年代，通信干路大量使用光纤技术，数据传输质量大大提高，误码率降低。这样，拥有过于复杂的数据链路层协议和网络层协议的 X.25 协议已渐渐不适应网络的发展。

二、帧中继网络

帧中继(FR，Frame Relay)是由 X.25 分组交换技术演变而来的，它舍弃掉了网络层，只保留数据链路层的核心子集部分，被称为第二代 X.25。帧中继建立在数据传输速率高、误码率低的光纤通信基础上。

帧中继的出现是由通信技术的改变带来的。最初，通信使用慢速、模拟和不可靠的电话线路，并且当时计算机的处理速度慢且价格昂贵。于是网络使用复杂的通信协议来处理传输差错，以避免用户计算机进行差错恢复处理。随着通信技术的发展，特别是光纤通信的广泛使用，通信线路的传输速率越来越高，误码率越来越低。同时，计算机的处理速度越来越高，价格越来越低廉。因此，帧中继技术简化了 X.25 的网络协议、差错控制和流量控制功能，将这些功能留给用户端去完成。这样，帧中继的网络性能优于 X.25 网络。

1. 帧中继的网络层次结构

帧中继的网络层次结构与 X.25 不同,只有物理层和数据链路层。

帧中继的物理层接口和 X.25 接口类似,可以使用 X.21、V.35 等接口协议。

数据链路层的数据链路层帧方式接入协议(LAPF, Link Access Procedure for Frame Mode services)是帧中继的核心协议,比 HDLC 和 X.25 的 LAPB 协议更简单,省去了控制字段,如图 6.4 所示。数据字段原则上没有长度限制,LAPF 协议负责处理基本的通信服务,其功能包括帧的格式化和交换,对帧进行度量,检查传输差错和线路的拥塞状态,在每个虚连接上进行流量控制等。

bit	8	16	可变	16	8
	标识	地址	数据	帧检测序列	标识

图 6.4　帧中继的帧格式

2. 帧中继的传输模式

帧中继和 X.25 都采用虚电路复用技术,以便充分利用带宽资源,降低通信费用。但与 X.25 在第三层进行复用和数据交换不同,帧中继在第二层进行处理。而与 X.25 相同的是,帧中继在虚连接上使用包交换技术,同样有交换型(SVC)和永久型(PVC)两种虚连接。使用 SVC 连接,网络运营商可以根据需求和网络流量状况调整网络带宽的分配。

PVC 由数据链路连接标识符(DLCI)来标识,即图 6.4 中的 2 字节长的地址字段。但 DLCI 在整个帧中继广域网上不是唯一的,PVC 连接的两台数据终端设备可以使用不同的 DLCI 来指定同一连接。当帧中继为多个逻辑数据会话提供多路复用时,服务供应商的交换设备将建立一个映射表,将不同的 DLCI 值与出站端口对应起来。

帧中继的控制信令传输模式与 X.25 不同,采用带外信令方式,即在与用户数据分开的另一个逻辑连接上传输。而 X.25 使用带内信令方式,即呼叫控制信令与用户数据在同一条虚电路上传输。

3. 帧中继的连接特性

帧中继是面向无连接的,常与基于 TCP/IP 或基于 IPX 的网络共同使用。而 TCP/IP 和 IPX 协议可以处理端到端的差错检验。所以,帧中继只提供最简单的通信处理功能,如帧开始和帧结束的确定以及帧传输差错检查,而不进行错误纠正。这样,帧中继交换机处理数据帧的时间比 X.25 交换机减少一个数量级,端到端的传输时延也低于 X.25 网络设备,而吞吐率要比 X.25 网络设备提高一个数量级以上。最初的帧中继网络的传输速率为 56 kb/s 和 2 Mb/s,而帧中继的传输速度可高达 45 Mb/s。帧中继还提供一套完备的带宽管理和拥塞控制机制,比 X.25 更具优势。

帧中继网络的结构与 X.25 网络的结构相似,但帧中继没有像 X.25 那样使用 PAD 转换数据包,而是使用帧中继拆装器(FRAD)来进行。FRAD 通常是路由器、交换机或集线器中的一个模块。

4. 帧中继网络的工作过程

局域网通过集线器将 MAC 帧传送到路由器,路由器作为帧中继网络的 DTE 设备,剥去 MAC 帧的帧头，将得到的 IP 数据报交给路由器的网络层转发给帧中继接口卡。接口卡给 IP 数据报添加上帧中继的帧头，进行 CRC 检验后，再加上尾部完成帧中继帧的封装。接着接口卡将封装好的帧发送给帧中继交换机，帧中继交换机按地址字段中的虚电路号转发帧。当帧中继帧被转发到虚电路的终点路由器时，路由器剥去帧中继帧的帧头和尾部，加上局域网的帧头和尾部，交付给连接在此局域网上的目标主机。目标主机若发现帧有错，则交由上层的 TCP 协议处理。即使 TCP 协议重传了错误数据，也会被当作是新的帧中继帧来传输。

6.4　点对点协议 PPP

在通信线路质量较差的年代，在数据链路层使用可靠的传输协议曾经是一个好的办法。因此，能实现可靠传输的高级数据链路控制(HDLC，High-leve Data Link Control)就成为当时比较流行的数据链路协议。但现在已很少使用 HDLC 了，点对点协议 PPP(Point-to-Point Protocol)是目前使用最广泛的数据链路层协议。

一、PPP 协议的组成

PPP 协议有三个组成部分。

(1) 一个将 IP 数据报封装到串行链路的方法。PPP 既支持异步链路(无奇偶检验的 8 比特数据)，也支持面向比特的同步链路。IP 数据报在 PPP 帧中就是其信息部分。这个信息部分的长度受最大传送单元 MTU 的限制。

(2) 一个用来建立、配置和测试数据链路连接的链路控制协议(LCP，Link Contol Protocol)。通信的双方可协商一些选项。RFC 1661 中定义了 11 种类型的 LCP 分组。

(3) 一套网络控制协议(NCP，Network Control Protocol)。其中的每一个协议支持不同的网络层协议，如 IP、OSI 的网络层、DECnet，以及 Apple Talk 等。

二、PPP 协议的帧格式

1. 各字段的意义

PPP 的帧格式如图 6.5 所示。PPP 帧首部和尾部分别为四个字段和两个字段。

首部的第一个字段和尾部的第二个字段都是标志字段 F(Flag)，规定为 0X7E(符号"0X"表示它后面的字符是用十六进制表示的。十六进制的 7E 的二进制表示是 01111110)。标志字段表示一个帧的开始或结束。因此标志字段就是 PPP 帧的定界符。连续两帧之间只需要一个标志字段，如果出现连续两个标志字段，就表示这是一个空帧，应当丢弃。

首部中的地址字段 A 规定为 0XFF(即 11111111)，控制字段 C 规定为 0X03(即 00000011)。最初曾考虑以后再对这两个字段的值进行其他定义，但至今也没有给出，可见这两个字段实际上并没有携带 PPP 帧的信息。

PPP 首部的第四个字段是 2 字节的协议字段。当协议字段为 0X0021 时，PPP 帧的信息字段就是 IP 数据报。若为 0XC021，则信息字段是 PPP 链路控制协议 LCP 的数据，而 0X8021

表示这是网络层的控制数据。

信息字段的长度是可变的，但不超过 1500 字节。

尾部中的第一个字段(2 字节)是使用 CRC 的帧检验序列 FCS。

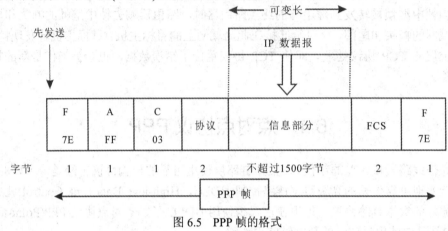

图 6.5　PPP 帧的格式

2. 字节填充

当信息字段中出现和标志字段一样的比特(0X7E)组合时，就必须采取一些措施使这种形式上和标志字段一样的比特组合不出现在信息字段中。

当 PPP 使用异步传输时，它把转义符定义为 0X7D(即 01111101)，并使用字节填充，RFC 1662 规定了如下所述的填充方法。

(1) 把信息字段中出现的每一个 0X7E 字节转变成为 2 字节序列(0X7D，0X5E)。

(2) 若信息字段中出现一个 0X7D 字节(即出现了和转义字符一样的比特组合)，则把 0X7D 转变成为 2 字节序列(0X7D，0XSD)。

(3) 若信息字段中出现 ASCII 码的控制字符(即数值小于 0X20 的字符)，则在该字符前面要加入一个 0X7D 字节，同时将该字符的编码加以改变。例如，出现 0X03(在控制字符中是"传输结束"ETX)就要把它转变为 2 字节序列(0X7D，0X23)。

由于在发送端进行了字节填充，因此在链路上传送的信息字节数就超过了原来的信息字节数。但接收端在收到数据后再进行与发送端字节填充相反的变换，就可以正确地恢复出原来的信息。

3. 零比特填充

PPP 协议用在 SONET/SOH 链路时，使用同步传输(一连串的比特连续传送)而不是异步传物(逐个字符地传送)，这种情况下，PPP 协议采用零比特填充的方法来实现透明传输。

零比特填充的具体做法是：在发送端，先扫描整个信息字段(通常用硬件实现，但也可以用软件实现，只是会慢些)，只要发现有 5 个连续的 1，则立即填入一个 0。因此经过这种零比特填充后的数据，就可以保证在信息字段中不会出现 6 个连续的 1。接收端在收到一个帧时，先找到标志字段 F 以确定一个帧的边界，接着再用硬件对其中的比特流进行扫描。每当发现 5 个连续的 1 时，就把这 5 个连续的 1 后的一个 0 删除，以还原成原来的信息比特流(如图 6.6)。这样就保证了透明传输：在所传送的数据比特流中可以传送任意组合的比特流，而不会引起对帧边界的错误判断。

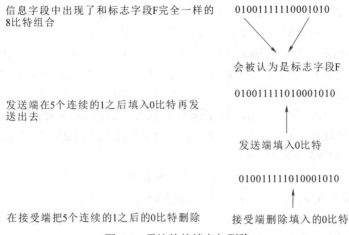

信息字段中出现了和标志字段F完全一样的 8比特组合

0100111111000 1010

会被认为是标志字段F

发送端在5个连续的1之后填入0比特再发送出去

0100111110100 01010

发送端填入0比特

0100111110100 001010

在接受端把5个连续的1之后的0比特删除　　接受端删除填入的0比特

图 6.6　零比特的填充与删除

三、PPP 协议的工作状态

上一节我们通过 PPP 帧的格式讨论了 PPP 帧是怎样组成的。但 PPP 链路一开始是怎样被初始化的呢？当用户拨号接入 ISP 后，就建立了一条从用户个人电脑到 ISP 的物理连接。这时，用户个人电脑向 ISP 发送一系列的链路控制协议 LCP 分组(封装成多个 PPP 帧)，以便建立 LCP 连接。这些分组及其响应选择了将要使用的一些 PPP 参数。接着还要进行网络层配置，网络控制协议 NCP 给新接入的用户个人电脑分配一个临时的 IP 地址。这样，用户个人电脑就成为互联网上的一个有 IP 地址的主机了。

当用户通信完毕时，NCP 释放网络层连接，收回原来分配出去的 IP 地址。接着，LCP 释放数据链路层连接。最后释放的是物理层的连接。

上述过程可用图 6.7 来描述。

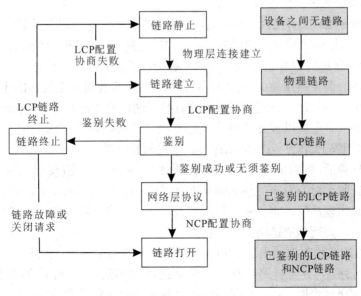

图 6.7　PPP 协议的状态图

PPP 链路的起始和终止状态永远是图 6.7 中的"链路静止"(Link Dead)状态，这时在用户个人电脑和 ISP 的路由器之间并不存在物理层的连接。

当用户个人电脑通过调制解调器呼叫路由器时(通常是在屏幕上用鼠标点击一个连接按钮)，路由器就能够检测到调制解调器发出的载波信号。在双方建立了物理层连接后，PPP 就进入"链路建立"(Link Establish)状态，其目的是建立链路层的 LCP 连接。

这时 LCP 开始协商配置选项，即发送 LCP 的配置请求帧(Configure-Request)，这是个 PPP 帧，其协议字段置为 LCP 对应的代码，而信息字段包含特定的配置请求。链路的另一端可以发送以下几种响应中的一种。

(1) 配置确认帧(Configure-Ack)：所有选项都接受。
(2) 配置否认帧(Configure-Nak)：所有选项都理解但不能接受。
(3) 配置拒绝帧(Configure-Reject)：选项有的无法识别或不能接受，需要协商。

LCP 配置选项包括链路上的最大帧长、所使用的鉴别协议(authentication protocol)的规约(如果有的话)，以及不使用 PPP 帧中的地址和控制字段(因为这两个字段的值是固定的，没有任何信息量，可以在 PPP 帧的首部中省略这两个字节)。

协商结束后双方就建立了 LCP 链路，接着就进入"鉴别"(Authenticate)状态。在这一状态中，只允许传送 LCP 协议的分组、鉴别协议的分组以及监测链路质量的分组。若使用口令鉴别协议(PAP，Password Authentication Protocol)，则需要发起通信的一方发送身份标识符和口令。系统允许用户重试若干次。如果需要有更好的安全性，则可以使用更加复杂的口令握手鉴别协议(CHAP，Challenge-Handshake Authentication Protocol)。若鉴别身份失败，则转到"链路终止"(Link Teminat)状态；若鉴别成功，则进入"网络层协议"(Network-Layer Protocol)状态。

在"网络层协议"状态中，PPP 链路的两端的网络控制协议 NCP 根据网络层的不同协议互相交换网络层特定的网络控制分组。这个步骤是很重要的，因为现在的路由器都能够同时支持多种网络层协议。总之，PPP 协议两端的网络层可以运行不同的网络层协议，但仍然可以使用同一个 PPP 协议进行通信。

如果在 PPP 链路上运行的是 IP 协议，则对 PPP 链路的每一端配置 IP 协议模块(如分配 IP 地址)时就要使用 NCP 中支持 IP 的协议——IP 控制协议(IPCP，IP Control Protocol)。IPCP 分组也被封装成 PPP 帧(其中的协议字段为 0X8021)在 PPP 链路上传送。在低速链路上运行时，双方还可以协商使用压缩的 TCP 和 IP 首部，以减少在链路上发送的比特数。

当网络层配置完毕后，链路就进入可进行数据通信的"链路打开"(Link Open)状态。链路的两个 PPP 端点可以彼此向对方发送分组，还可以发送回送请求 LCP 分组(Echo-Request)和回送回答 LCP 分组(Echo-Reply)，以检查链路的状态。

数据传输结束后，可以由链路的一端发出终止请求 LCP 分组(Terminate-Request)请求终止链路连接，在收到对方发来的终止确认 LCP 分组(Terminate-Ack)后，转到"链路终止"状态。如果链路出现故障，也会从"链路打开"状态转到"链路终止"状态。当调制解调器的载波停止后，则回到"链路静止"状态。

图 6.7 右边的灰色方框给出了对 PPP 协议的几个状态的说明。从设备之间无链路开始，到先建立物理链路，再建立链路控制协议 LCP 链路，经过鉴别后再建立网络控制协议 NCP 链路，然后才能交换数据。由此可见，PPP 协议已不是纯粹的数据链路层的协议，它还包含了物理层和网络层的内容。

四、PPP 协议配置实例

【网络拓扑】

如图 6.8 所示。

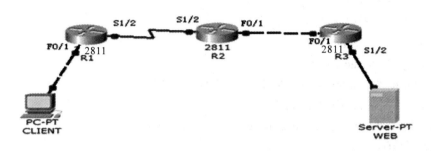

图 6.8　PPP 协议配置拓扑图

【实验环境】

(1) 将两台 RG-R2632 路由器 R1 和 R2 的串口 S1/2 相连;

(2) 用 V35 串口线把路由器相连, 其中路由器 R1 为 DCE, 路由器 R2 为 DTE;

【实验目的】

(1) 熟悉 PPP 协议的启用方法。

(2) 掌握指定 PPP 协议的封装方法。

(3) 掌握 PPP 协议两种认证模式的配置。

(4) 熟悉 PPP 协议信息的查看与调试。

【实验配置】

PPP 协议有两种认证方式: PAP 和 CHAP。

PAP 采用两次握手方式, 其认证密码在链路上是明文传输的, 一旦连接建立后, 客户端路由器需要不停地在链路上发送用户名和密码进行认证, 因此受到远程服务器端路由器对其进行登录尝试的频率和定时的限制。

PAP 验证的特点:

● 两次握手协议。

● 明文方式进行验证。

首先, 服务器端给出用户名和密码(username SSPU password rapass), 并指出采用 PPP 封装和 PAP 认证。

接着客户端向服务器端提供用户名和密码(ppp pap sent username SSPU password rapass)(第 1 次握手)。

最后, 由服务器端进行验证(用户名和密码), 并通告成功或失败(第 2 次握手)。

CHAP 验证特点:

● CHAP 为三次握手协议。

● 只在网络上传输用户名, 并不传输口令。

● 安全性要比 PAP 高, 但认证报文耗费带宽。

首先由服务器端给出对方(客户端)的用户名和挑战密文(第 1 次握手 R1(config)# username R2 password samepass)，客户端同样给出对方(服务器端)的用户名和加密密文(第 2 次握手 R2(config)# username R1 password samepass)，服务器端进行验证，并向客户端通告验证成功或失败(第 3 次握手)。

1) PAP 协议配置

被验证端(客户端)的配置：

router (config)# hostname R2

R2(config) # interface serial 1/2

R2(config-if) # ip address 192.168.1.2　255.255.255.252

R2 (config- if) # encapsulation PPP

R2(config-if) # PPP pap sent-username SSPU password rapass

R2 (config-if)# no shut

验证端(服务器)的配置：

router(config) # hostname R1

R1(config) # username SSPU password rapass

R1(config) # interface serial 1/2

R1(config-if) # ip address 192.168.1.1255.255.255.252

R1(config-if) # clock rate 64000

R1(config-if) # encapsulation PPP

R1(config-if) # PPP authentication pap

R1(config-if) #no shut

2) CHAP 协议配置

服务端的配置：

router (config) # hostname R1

R1(config) # username R2 password samepass /* 互为对方的用户名和密码*/

R1(config) # interface serial 1/2

R1(config-if) # ip address 192.168.1.2　255.255.255.252

R1(config-if) # clock rate 64000

RI (config-if)# encapsulation PPP

R1(config-if) # ppp authentication CHAP

R1(config-if) # no shut

客户端的配置：

router (config) # hostname R2

R2(config) # username R1 password samepass /* 互为对方的用户名和密码*/

R2 (config)# interface serial 1/2

R2(config-if) ip address 192.168.1.1 255.255.255.25208

R2 (config-if) # encapsulation　PPP

R2 (config-if) # PPP authentication CHAP

R2 (config-if) # no shut

PPP 的调试方法：

R1# show interfaces serial 1/2

R1# debug PPP authentication

6.5　虚拟专用网 VPN

由于 IP 地址的紧缺，一个机构能够申请到的 IP 地址数往往远小于本机构所拥有的主机数。考虑到互联网并不很安全，一个机构内也并不需要把所有的主机接入到外部的互联网，因此可以只给部分主机分配 IP 地址。实际上，在许多情况下，很多主机主要还是和本机构内的其他主机进行通信(例如，在大型商场或宾馆中，有很多用于营业和管理的计算机。显然这些计算机并不都需要和互联网相连)，假定在一个机构内部的计算机通信也是采用 TCP/IP 协议，那么从原则上讲，对于这些仅在机构内部使用的计算机就可以由本机构自行分配其 IP 地址。也就是说，让这些计算机使用仅在本机构有效的 IP 地址(这种地址称为本地地址)，而不需要向互联网的管理机构申请全球唯一的 IP 地址(这种地址称为全球地址)。这样就可以大大节约宝贵的全球 IP 地址资源。

但是，如果任意选择一些 IP 地址作为本机构内部使用的本地地址，那么在某种情况下可能会引起一些麻烦。例如，有时机构内部的某台主机需要和互联网连接，那么这种仅在内部使用的本地地址就有可能和互联网中某个 IP 地址重合，这样就会出现地址的二义性问题。

为了解决这一问题，RFC 1918 指明了一些专用地址(private address)。这些地址只能用于一个机构的内部通信，而不能用于和互联网上的主机通信。换言之，专用地址只能用作本地地址而不能用作全球地址。在互联网中的所有路由器，对目的地址是专用地址的数据报一律不进行转发。2013 年 4 月，RFC 6890 全面地给出了所有特殊用途的 IPv4 地址，但三个专用地址块的指派并无变化，即

(1) 10.0.0.0 到 10.255.255.255(或记为 10.0.0.0/8，它又称为 24 位块)；

(2) 172.16.0.0 到 172.31.255.255(或记为 172.16.0.012，它又称为 20 位块)；

(3) 192.168.0.0 到 192.168.255.255(或记为 192.168.0.016，它又称为 16 位块)。

上面的三个地址块分别相当于一个 A 类网络、16 个连续的 B 类网络和 256 个连续的 C 类网络。A 类地址本来早已用完了，而上面的地址 10.0.0.0 本来是分配给 ARPANET 的，由于 ARPANET 已经关闭停止运行了，因此这个地址就用作专用地址。

采用这样的专用 IP 地址的互联网络称为专用互联网或本地互联网，更简单些，就叫作专用网。显然，全世界可能有很多的专用互联网络具有相同的专用 IP 地址，但这并不会引起麻烦，因为这些专用地址仅在本机构内部使用。专用 IP 地址也叫作可重用地址(Reusable Address)。

有时一个很大的机构的许多部门分布的范围很广(例如分布在世界各地)，这些部门经常互相交换信息。有两种方法能够满足其需求。

(1) 租用电信公司的通信线路为本机构专用。这种方法虽然简单方便，但线路的租金太高，一般难于承受。

(2) 利用公用的互联网作为本机构各专用网之间的通信载体，这样的专用网又称为虚拟专用网(VPN，Virtual Private Network)。

之所以称为"专用网"，是因为这种网络是被本机构的主机用于机构内部的通信，而不是用于和网络外非本机构的主机通信。如果专用网不同网点之间的通信必须经过公用的互联网，但又有保密的要求，那么所有通过互联网传送的数据都必须加密。"虚拟"表示"好像是，但实际上并不是"，因为现在并没有真正使用通信专线，而 VPN 只是在效果上和真正的专用网一样。一个机构要构建自己的 VPN 就必须为它的每一个场所购买专门的硬件和软件，并进行配置，使每一个场所的 VPN 系统都知道其他场所的地址。

图 6.9 以两个场所为例说明如何使用 IP 隧道技术实现虚拟专用网。

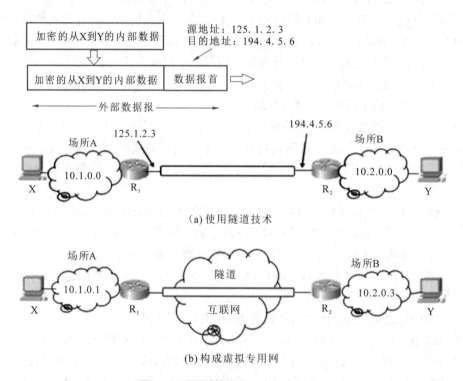

图 6.9　用隧道技术实现虚拟专用网

假定某个机构在两个相隔较远的场所建立了专用网 A 和 B，其网络地址分别为专用地址 10.0.0 和 10.20.0，现在这两个场所需要通过公用的互联网构成一个 VPN。

显然，每一个场所至少要有一个路由器具有合法的全球 IP 地址，如图 6.9(a)中，R_1 和 R_2 这两个路由器和互联网的接口地址必须是合法的全球 IP 地址。路由器 R_1 和 R_2 在专用网内部网络的接口地址则是专用网的本地地址。

在每一个场所 A 或 B 的通信量都不经过互联网，但如果场所 A 的主机 X 要和另一个场所 B 的主机 Y 通信，那就必须经过路由器 R_1 和 R_2。主机 X 向主机 Y 发送的 IP 数据报的源地址是 10.1.0.1，而目的地址是 10.2.0.3。这个数据报先作为本机构的内部数据报从 X

发送到与互联网连接的路由器 R_1。路由器 R_1 收到内部数据报后，发现其目的网络必须通过互联网才能到达，就把整个的内部数据报进行加密(这样就保证了内部数据报的安全)，然后重新加上数据报的首部，封装成在互联网上发送的外部数据报，其源地址是路由器 R_1 的全球地址 125.1.2.3，而目的地址是路由器 R_2 的全球地址 194.4.5.6。路由器 R_2 收到数据报后将其数据部分取出进行解密，恢复出原来的内部数据报(目的地址是 10.2.0.3)，交付主机 Y。可见，虽然 X 向 Y 发送的数据报通过了公用的互联网，但在效果上就好像是在本部门的专用网上传送一样。如果主机 Y 要向 X 发送数据报，那么所进行的步骤也是类似的。

请注意，数据报从 R_1 传送到 R_2 可能要经过互联网中的很多个网络和路由器。但从逻辑上看，在 R_1 到 R_2 之间好像是一条直通的点对点链路，图 6.9(a)中的"隧道"就是这个意思。

如图 6.9(b)所示，由场所 A 和 B 的内部网络所构成的虚拟专用网 VPN 又称为内联网(intranet 或 intranet VPN，即内联网 VPN)，表示场所 A 和 B 都属于同一个机构。

有时一个机构的 VPN 需要有某些外部机构(通常就是合作伙伴)参加进来，这样的 VPN 就称为外联网(extranet 或 extranet VPN，即外联网 VPN)。

请注意，内联网和外联网都采用了互联网技术，即都是基于 TCP/IP 协议的。

还有一种类型的 VPN，就是远程接入 VPN (remote access VPN)。我们知道，有的公司可能并没有分布在不同场所的部门，但却有很多流动员工在外地工作。公司需要和他们保持联系，有时还可能一起开电话会议或视频会议，远程接入 VPN 可以满足这种需求。在外地工作的员工通过拨号接入互联网，而驻留在员工个人电脑中的 VPN 软件可以在员工的个人电脑和公司的主机之间建立 VPN 隧道，因而外地员工与公司通信的内容也是保密的，员工们感到好像就是使用公司内部的本地网络一样。

本 章 小 结

广域网(WAN，Wide Area Network)也称远程网(long haul network)，通常跨接很大的地理范围，所覆盖的范围从几十公里到几千公里不等，它能连接多个城市或国家，或横跨几个洲，并能提供远距离通信，形成国际性的远程网络。本章首先介绍了广域网的概念、广域网与局域网的区别和广域网的基本连接设备。其次介绍了电路交换广域网与分组交换广域网。在电路交换广域网中主要介绍了公共电话网以及 ISDN 综合业务数字网络的工作原理，在分组交换广域网中主要讲解了 X.25 网络和帧中继网络的工作原理。紧接着本章着重讲解了广域网中应用最广泛的协议——PPP 协议，主要讲述了 PPP 协议的组成、PPP 协议的数据格式、PPP 协议的工作原理和 PPP 协议的基本配置以及 PAP 验证与 CHAP 验证。最后介绍了 VPN 虚拟专用网的工作原理。

练 习 题

一、填空题

1. 广域网协议主要在＿＿＿＿、＿＿＿＿和＿＿＿＿。而局域网在不考虑互连的情况下，其协议主要在物理层和数据链路层等。

2. 广域网中的设备多种多样，放置在用户端的设备称为客户端设备 CPE，又称_____，DTE 和 WAN 网络之间提供接口的设备称为_____。

3. PPP 首部的第一个字段和尾部的第二个字段都是_____。

4. 当 PPP 使用异步传输时，它把转义符定义为_____并使用字节填充，信息字段中出现的每一个 0X7E 字节转变为_____。

5. 利用公用的互联网作为本机构各用网之间的通信载体，这样的专用网称为_____。

二、选择题

1. 下列属于分组交换技术的广域网通信协议是(　　)。

A. PSTN　　　　　　B. ISDN　　　　　　C. 帧中继　　　　　　D. FTP

2. 下列关于 PPP 的描述错误的是(　　)。

A. PAP 认证比 CHAP 认证可靠　　　　　B. PPP 有 CHAP 和 PAP 两种认证

C. PPP 可以同时配置两种认证方式　　　D. PPP 协议适用于点到点的连接方式

3. 帧中继网络是一种(　　)。

A. 局域网　　　　　B. 广域网　　　　　C. ATM 网　　　　　D. 以太网

4. (　　)为两次握手协议，它通过在网络上以明文的方式传递用户名及密码来对用户进行验证。

A. HDLC　　　　　B. PPP　　　　　C. SLIP　　　　　D. SMTP

5. 在帧中继中，使用(　　)来标识永久虚电路。

A. LMI　　　　　B. DLCI　　　　　C. IP 地址　　　　　D. Interface

三、简答题

1. PPP 协议由哪三部分组成?

2. PPP 协议使用同步传输技术传送比特串 0110111111111100。试问经过零比特填充后会变成怎样的比特串？若接收端收到的 PPP 帧的数据部分是 000111011111101111110110，问删除发送端加入的零比特后会变成怎样的比特串？

3. VPN 有哪几种类型?

第 7 章　网络操作系统

7.1　网络操作系统概述

一、操作系统

操作系统是计算机系统中的一个系统软件。它是一些程序模块的集合，管理和控制计算机系统中硬件和软件资源，合理组织计算机工作流程，以便有效地利用这些资源为用户提供一个功能强大、使用方便的工作环境。因而，操作系统在计算机与用户之间起到接口的作用。

据操作系统的发展过程而言，其大致可分为三类：单块式、层次式、客户机/服务器式(Client/Server)。这三类对应了操作系统的三个发展阶段。相对于单机操作系统而言，网络操作系统是具有网络功能的计算机操作系统。

操作系统有以下三个发展阶段：

● 最初的操作系统是单块式的，像目前仍在使用的 DOS 就属于这一类，它由一组可以任意互相调用的过程组成。它对系统的数据没有任何保护，没有清晰的结构，因此，安全性差，对它的扩展也更加困难。

● 另一种结构的操作系统是层次式的，Unix，Novell NetWare 都属于这一类。

● 第三种结构为 Client/Server 模式。卡内基梅隆大学研制且以 Mach 为代表的微内核结构操作系统和 Microsoft Windows NT 属于这种类型。

二、网络操作系统

1. 网络操作系统的定义

过去的所谓网络操作系统实际上往往是在原机器的操作系统之上添加实现网络访问功能的模块。网络上的计算机因各机器的硬件特性不同、数据标识格式及其他方面的要求不同等，在互相通信时为了能够正确进行通信并相互理解内容，相互之间应具有许多约定，此约定称为协议或规程。因此通常将网络操作系统(NOS，Network Operating System)定义为：是使网络上各计算机能方便而有效地共享网络资源，为网络用户提供所需的各种服务软件和有关规程的集合。

网络操作系统负责整个网络系统的软硬件资源的管理和控制。通过网络操作系统来实现对网络通信和任务的调度，和对网络系统的安全维护。由于网络操作系统主要运行于服务器上，所以有时候把它称之为服务器操作系统。

2. 网络操作系统的功能

网络操作系统除了应具有通常操作系统应具有的处理器管理、存储器管理、设备管理和文件管理功能外，还应具有以下两大功能：

(1) 提供高效、可靠的网络通信能力。

(2) 提供多种网络服务功能，如远程作业录入并进行处理的服务功能；文件传输服务功能；电子邮件服务功能；远程打印服务功能等。总而言之，要为用户提供访问网络中计算机各种资源的服务。

3. 网络操作系统的特点

网络操作系统是网络用户与计算机网络之间的接口。最早，网络操作系统只能算是一个最基本的文件系统。在这样的网络操作系统上，网上各站点之间的互访能力非常有限，用户只能进行有限的数据传送，或运行一些专门的应用(如电子邮件等)程序，这远远不能满足用户的需要。

一个典型的网络操作系统，一般具有以下特征：

(1) 硬件独立。网络操作系统可以在不同的网络硬件上运行。

(2) 桥/路由连接。可以通过网桥、路由功能和别的网络连接。

(3) 多用户支持。在多用户环境下，网络操作系统给应用程序及其数据文件提供了足够的、标准化的保护。

(4) 网络管理。支持网络应用程序及其管理功能，如系统备份、安全管理、容错、性能控制等。

(5) 安全性和存取控制。对用户资源进行控制，并提供控制用户对网络访问的方法。

(6) 好的用户界面。网络操作系统给用户提供丰富的界面功能，具有多种网络控制方式。

总之，网络操作系统为网络用户提供了便利的操作和管理的平台。

4. 网络操作系统的分类

当今网络操作系统的种类很多，但是根据其各自的特点和优势，应用范围和场合的不同，主要可以分为 Unix、Linux、Novell NetWare 和 Windows 等四种。

1) Unix 操作系统

Unix 是 20 世纪 70 年代初出现的一个操作系统，除了作为网络操作系统使用之外，还可以作为单机操作系统使用。Unix 作为一种开发平台和台式操作系统被广泛使用，目前主要用于工程应用和科学计算等领域。其特点如下：

(1) 安全可靠：Unix 在系统安全方面是任何一种操作系统都不能相比的，很少有计算机病毒能够侵入它。这是因为 Unix 一开始即是为多任务、多用户环境设计的，在用户权限、文件和目录权限、内存等方面有严格的规定。近几年，Unix 操作系统以其良好的安全性表现和保密性表现证实了这一点。

(2) 方便接入 Internet：Unix 是 Internet 的基础，TCP/IP 协议也是随之发展并完善的。目前的一些 Internet 服务器和一些大型的局域网都在使用 Unix 操作系统。

Unix 虽然具有许多其他操作系统所不具备的优势，如工作环境稳定、系统的安全性好等，但是其安装和维护对普通用户来说比较困难。

2) Linux 操作系统

Linux 最初是由芬兰赫尔辛基大学的一位大学生(Linus Benedict Tovalds)于 1991 年 8 月开发的一个免费的操作系统，是一个类似于 Unix 的操作系统。Linux 涵盖了 Unix 的所有特点，而且还融合了其他操作系统的优点，如真正地支持 32 位和 64 位多任务、多用户虚拟存储、快速 TCP/IP、数据库共享等特性。其特点如下：

(1) 开放的源代码：Linux 许多组成部分的源代码是完全开放的，任何人都可以通过 Internet 得到、开发并发布。

(2) 支持多种硬件平台：Linux 可以运行在多种硬件平台上，还支持多处理器的计算机。

(3) 对外部设备的支持：目前在计算机上使用的大量外部设备，Linux 均支持。

(4) 支持 TCP/ IP 等协议：在 Linux 中可以使用所有的网络服务，如网络文件系统、远程登录等。SLIP(Serial Line Internet Protocol，串行线路网际协议)和 PPP 支持串行线上的 TCP/IP 协议使用，用户可用一个高速调制解调器通过电话线接入 Internet。

(5) 支持多种文件系统：Linux 目前支持的文件系统有 FAT16、FAT32、HPFS、NTFS、EXT2、EXT、XIAFS、SOFS 等 32 种之多，其中最常见的是 EXT2，其文件名最长可达 255 个字符。

3) Novell NetWare 操作系统

1985 年美国 Novell 公司的 NetWare 网络操作系统面世，1998 年又推出了 NetWare 5.0。从技术角度讲，它与 DOS 和 Windows 等操作系统一样，除了访问磁盘文件、内存使用的管理与维护之外，还提供一些比其他操作系统更强大的实用程序和专用程序，这些程序包括用户的管理、文件属性的管理、文件的访问、系统环境的设置。Novell NetWare 网络操作系统可以让工作站用户像使用自身的资源一样访问服务器资源，用户访问服务器资源时除了在访问速度上受到网络传输的影响外，与使用自身资源没有任何不同。随着硬件产品的发展，这个问题也不断得到改善。

NetWare 4.x 的推出主要是为了适应越来越庞大的网络系统和加强对目前广泛使用的其他操作系统的支持而进行的改进和设计，是为了在一个网络系统中能适应多台服务器而开发的一套网络操作系统。它在系统内部不仅增加了图形界面窗口操作，其结构也改用了对象式(Object)目录树结构。服务器的命名也是以整个网络为原则，当用户登录到一台服务器后，便可使用整个网络的资源。

4) Windows 操作系统

(1) Windows NT。

Windows NT 分为单机操作系统 Windows NT Workstations 和服务器操作系统 Windows NT Server 两种，具有以下特点：

● 内置的网络功能：一般的网络操作系统是在传统的操作系统之上附加网络软件，而 Windows NT 操作系统是将网络功能集成在操作系统中作为输入、输出系统的一部分，在结构上显得比较紧凑。

● 可实现复合型网络结构：在 Windows NT 组成的局域网中，同时存在 Client/Server 网络和对等式(Peer to Peer)网络两种模式，各工作站可通过不同的登录方式选择不同的共享对象。

● 组网简单、管理方便：运用 Windows NT 组建网络比较简单，很适合于普通用户使用。但是需要注意的是 Windows NT 的运行环境一般要求运行在 32 位的 386 以上的微机上。

(2) Windows 2000。

Windows 2000 增加了许多新功能，在可靠性、可操作性、安全性和网络功能等方面都得到了加强。它在设计方面考虑了企业对 Internet 的要求，主要表现在：

● 大量采用公开的网络协议标准，使其更容易与 Internet 连接。

● 新增了许多与 Internet 密切相关的功能和服务，满足企业网的需求。

Windows 2000 的版本包括：Windows 2000 Professional、Windows 2000 Server、Windows 2000 Advanced Server 和 Windows 2000 Datacenter Server，其中只有 Professional 是为台式机开发的，其他版本均是面向网络的。

(3) Windows Server 2003。

Windows Server 2003 是微软推出的使用最广泛的网络操作系统，于 2003 年 3 月 28 日发布，同年 4 月底上市。

Windows Server 2003 操作系统利用 Windows 2000 Server 系统中的精华，实现了一个高效的基础架构，使其更加易于部署、管理和使用。随着 Windows Server 2003 的各个不同版本的发布，其在活动目录、存储和分支机构方面的功能得到增强。

Windows Server 2003 的不同版本能够满足从小公司到数据中心等不同规模组织的需要。版本分为以下五个：

● Windows Server 2003 标准版。

Windows Server 2003 标准版是一个可靠的网络操作系统，可以迅速地为企业提供解决方案，适用于小型企业和部门。

Windows Server 2003 标准版支持文件和打印机共享，提供安全的 Internet 连接，允许集中化的桌面应用程序部署，支持 4 个处理器：最低支持 256 MB 的内存，最高支持 4 GB 的内存。

● Windows Server 2003 企业版。

Windows Server 2003 企业版是为满足企业的一般用途而设计的全功能网络操作系统。它是各种应用程序、Web 服务和基础结构的理想平台。

Windows Server 2003 企业版支持的处理器多达 8 个，提供企业级功能，支持高达 32 GB 的内存等。可用于基于 Intel Itanium 系列的计算机和支持 8 个处理器和 64 GB RAM 的 64 位计算平台。

● Windows Server 2003 Datacenter 版。

Windows Server 2003 Datacenter 版是针对高级别的可伸缩性、可用性和可靠性的大型企业或国家机构等设计的。

Windows Server 2003 Datacenter 版分为 32 位版与 64 位版。32 位版支持 32 位处理器，最低支持 128M 内存，最高支持 512 GB 的内存。64 位版本支持 Itanium 和 Itanium2 这两种处理器，支持 64 位处理器，最低支持 1 GB 的内存，最高支持 512 GB 的内存。

● Windows Server 2003 Web 版。

Windows Server 2003 Web 版用于 Web 服务和托管。旨在生成和承载 Web 应用程序、Web 页面以及 XML Web 服务。其主要目的是作为 IIS 6.0 Web 服务器使用，提供一个快速开发部署 XML Web 服务和应用程序的平台。

● Windows Small Business Server 2003。

Windows Small Business Server 2003 为小型企业提供完整的企业服务器解决方案,使企业能够安全和可靠地共享信息和资源。

(4) Windows Server 2008。

Windows Server 2008 是推动下一代网络、应用程序和 Web 服务发展的 Windows Server 操作系统。它保留了以前 Windows Server 版本的优点,新增和改进了基础操作系统提供的功能。基于 Windows Server 2008 可以提供安全的网络体系结构。

Windows Server 2008 操作系统发行的版本主要有 9 个,即 Windows Server 2008 标准版、Windows Server 2008 企业版、Windows Server 2008 数据中心版、Windows Web Server 2008、Windows Server 2008 安腾版、Windows Server 2008 标准版、Windows Server 2008 企业版(无 Hyper-V)、Windows Server 2008 数据中心版(无 Hyper-V)和 Windows HPC Server 2008。除安腾版只有 64 位版本外,其余 8 个 Windows Server 2008 都包含 X86 和 64 位两个版本。下面对其中 6 个版本做详细介绍。

● Windows Server 2008 标准版。

Windows Server 2008 标准版是最稳固的 Windows Server 操作系统,它内建了强化 Web 和虚拟化功能,是专门为增加服务器基础架构的可靠性和弹性而设计的,可以节省时间并降低成本。它包含功能强大的工具,拥有更佳的服务器控制能力,可简化设定和管理工作,而且增强的安全性功能可以强化操作系统,协助保护数据和网络,为企业提供扎实且可高度信赖的基础服务架构。

Windows Server 2008 标准版最大可支持 4 个处理器,x86 版最多支持 4 GB 内存,而 64 位版最大可支持 64 GB 内存。

● Windows Server 2008 企业版。

Windows Server 2008 企业版是为满足各种规模的企业的一般用途而设计的,可以部署关键应用。其所具备的群集和新增的处理器功能可协助改善可用性,而整合的身份识别管理功能可协助提高安全性,利用虚拟化授权权限整合应用程序则可减少基础架构的成本,因此 Windows Server 2008 能提供高度动态、可扩充的 IT 基础架构。

Windows Server 2008 企业版在功能类型上与标准版基本相同,只是支持更高系统硬件配置,同时具有更优良的可伸缩性和可用性,同时添加了企业技术,例如 Failover Clustering 与活动目录联合服务等。

Windows Server 2008 企业版最多可支持 8 个处理器,x86 版最大支持 64 GB 内存,64 位版最大可支持 2 TB 内存。

● Windows Server 2008 数据中心版。

Windows Server 2008 数据中心版是为运行企业和任务所倚重的应用程序而设计的,可在小型和大型服务器上部署具有业务关键性的应用程序及大规模的虚拟化。其所具备的集群和动态硬件分割功能可改善可用性,支持虚拟化授权权限整合而成的应用程序,从而减少基础架构的成本。另外,Windows Server 2008 数据中心版还可以提供无限量的虚拟镜像应用。

Windows Server 2008 x86 数据中心版最多支持 32 路处理器和最大 64 GB 内存,而 64 位版最多支持 64 路处理器和最大 2 TB 内存。

● Windows Web Server 2008。

Windows Web Server 2008 专门为单一用途的 Web 服务器设计,它建立在 Web 基础架构功能之上,并整合了经过重新设计架构的 IIS 7.0、ASP.NET 和 Microsoft.NET Framework,方便用户快速部署网页、网站、Web 应用程序和 Web 服务。

Windows Web Server2008 最多支持 4 个处理器,32 位版最大支持 4 GB 内存,而 64 位版最大支持 32 GB 内存。

● Windows Server 2008 安腾版。

Windows Server 2008 安腾版专为 Intel Itanium 64 位处理器而设计,针对大型数据库、各种企业和自定义应用程序进行了优化,可提供高可用性和扩充性,能符合高要求且具有关键性的解决方案的需求。

Windows Server 2008 安腾版最多可支持 64 个处理器和最大 2 TB 内存。

● Windows HPC Server 2008。

Windows HPC Server 2008 具备高效能运算(HPC)特性,可以建立高生产力的 HPC 环境。由于其建立于 Windows Server 2008 及 64 位技术上,因此,可以有效地扩充至数以千计的处理核心,并可以提供管理控制台,协助管理员主动监督和维护系统健康及稳定性。其所具备的工作进程互操作性和弹性,可以让 Windows 和 Linux 的 HPC 平台间进行整合,亦可支持批次作业以及服务导向架构(SOA)工作负载;而增强的生产力、可扩充的效能以及使用容易等特色,则可以使 Windows HPC Server 2008 成为同级中最佳的 Windows 环境。

7.2　Windows Server 2008 的安装与配置

一、Windows Server 2008 的特性

Windows Server 2008 能够在虚拟化工作负载、支持应用程序和保护网络方面提供高效的平台。它有以下新特性:

1. 更强的控制能力

使用 Windows Server 2008,能够更好地控制其服务器和网络基础结构,从而将精力集中在处理关键业务需求上。通过服务器管理器进行的基于角色的安装和管理,简化了在企业中管理与保护多个服务器角色的任务。服务器的配置和系统信息由服务器管理器控制台集中管理。IT 人员可以仅安装需要的角色和功能,向导会自动完成许多费时的系统部署任务。增强的系统管理工具(如性能和可靠性监视器)提供有关系统的信息,在潜在问题发生之前向 IT 人员发出警告。

2. 增强的安全性

Windows Server 2008 提供了一系列全新或改进的安全技术,这些技术增强了对操作系统的保护,为企业的运营和发展奠定了坚实的基础。Windows Server 2008 提供了减小内核攻击面的安全创新,因而使服务器环境更安全、更稳定。Windows 服务强化有助于提高系统的安全性,通过保护关键服务器使之免受文件系统、注册表或网络中异常活动的影响。借助网络访问保护(NAP)、只读域控制器(RODC)、公钥基础结构(PKI)增强功能、Windows 服务强化、新双向 Windows 防火墙和新一代加密支持,Windows Server 2008 操作系统的安

全性也得到了增强。

3. 更大的灵活性

Windows Server 2008 允许管理员修改其基础结构以适应不断变化的业务需求，同时保持此操作的灵活性。它允许用户从远程位置(如远程应用程序和终端服务网关)执行程序，这一技术为移动工作人员的工作增强了灵活性。Windows Server 2008 使用 Windows 部署服务(WDS)加速对 IT 系统的部署和维护，使用 Windows Server 虚拟化(WSv)帮助合并服务器。对于需要在分支机构中使用域控制器的组织，Windows Server 2008 提供了一个新配置选项——只读域控制器(RODC)，它可以防止在域控制器出现安全问题时暴露用户账户。

二、Windows Server 2008 的安装模式

Windows Server 2008 有多种安装模式，分别适用不同的环境，用户可以根据实际需要选择合适的安装方式，从而提高工作效率。除常规的使用 DVD 启动安装方式外，Windows Server 2008 还可以选择升级安装、远程安装以及 Server Core 安装。

1. 全新安装

使用 DVD 启动安装方式是最基本的安装方式，对一台新的服务器一般都采用这种方式来安装。使用这种安装方式时，用户根据提示信息适时插入 Windows Server 2008 安装光盘即可，在下一小节中将详细介绍这种安装方式。

2. 升级安装

如果需要安装 Windows Server 2008 的计算机已经安装了 Windows 2000 Server 或 Windows Server 2003 操作系统，则可以选择升级安装方式，而不需要卸载原有的操作系统。这种安装方式的优点是可以保留原操作系统的各种配置。

在 Windows 状态下，将 Windows Server 2008 安装光盘放入光驱，安装盘会自动运行，打开【安装 Windows】对话框，单击【现在安装】按钮，即可启动安装向导，当出现【你想进行何种类型的安装】对话框时，选择【升级】链接，即可将原操作系统升级到 Windows Server 2008。

不同的 Windows Server 2003 版本可以升级到的 Windows Server 2008 版本也不同，如表 7.1 所示。

表 7.1　Windows Server 2008 升级安装版本

当前系统版本	可以升级到的 Windows Server 2008 版本
Windows Server 2003 标准版(SP1) Windows Sever 2003 标准版(SP2) Windows Server 2003 R2 标准版	Windows Server 2008 标准版 Windows Server 2008 企业版
Windows Server 2003 企业版(SP1) Windows Server 2003 企业版(SP2) Windows Server 2003 R2 企业版	Windows Server 2008 企业版

3. 远程安装

如果网络中已经配置了 Windows 部署服务，则通过网络远程方式来安装 Windows

Server 2008。需要注意的是，使用这种安装方式必须要确保计算机网卡具有 PXE(预启动执行环境)芯片，支持远程启动功能。否则就需要使用 rbfg.exe 程序生成启动软盘来启动计算机再执行远程安装。使用 PXE 功能启动计算机时，会显示当前计算机所使用的网络的版本等信息，根据提示信息按下引导键(一般为 F12 键)，便可启动网络服务引导。

4. Server Core 安装

Server Core 是 Windows Server 2008 的新功能之一。管理员在安装 Windows Server 2008 时可以选择只安装执行 DHCP、DNS、文件服务器或域控制器角色所需的服务。这个新安装选项只安装必要的服务和应用程序，只提供基本的服务器功能，没有任何额外开销。虽然 Server Core 安装选项是操作系统的一个完整功能模式，支持指定的角色，但它不包含服务器图形用户界面(GUI)。由于 Server Core 安装只包含指定角色所需的功能，管理的组件较少，因此 Server Core 安装通常只需要较少的维护和更新。换句话说，由于服务器上安装和运行的程序和组件较少，因此暴露在网络上的攻击向量也较少，从而减少了攻击面。如果在没有安装的组件中发现了安全缺陷或漏洞，则不需要安装补丁。

三、利用 DVD 安装 Windows Server 2008

Windows Server 2008 安装过程的用户界面是非常友好的，安装过程基本是在一个图形用户界面(GUI)的环境下完成的，并且会为用户处理大部分初始化工作。

步骤 1：从光盘引导计算机。将计算机的 CMOS 设置为从光盘(DVD-ROM)引导，并将 Windows Server 2008 安装光盘置于光驱内并重新启动，计算机就会从光盘启动。如果硬盘内没有安装任何操作系统，便会直接启动到安装界面；如果硬盘内安装有其他操作系统，则会显示【Press any key to boot from CD...】的提示信息，此时在键盘上按任意键，即可从 DVD-ROM 启动。

步骤 2：安装启动后，出现【安装 Windows】窗口，完成安装语言、时间和货币格式、键盘和输入方法等设置。设置完毕后，单击【下一步】按钮，如图 7.1 所示。

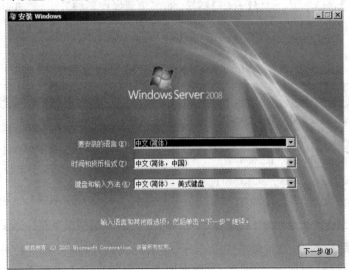

图 7.1　【安装 Windows】窗口

步骤 3：接下来安装向导会询问是否立即安装 Windows Server 2008，单击【现在安装】按钮开始安装，如图 7.2 所示。

图 7.2 现在安装

步骤 4：打开【选择要安装的操作系统】界面，在【操作系统】列表框中列出了可以安装的操作系统，用户可根据需要安装合适的 Windows Server 2008 的发行版本。这里选择【Windows Server 2008 Enterprise(完全安装)】，单击【下一步】按钮，如图 7.3 所示。

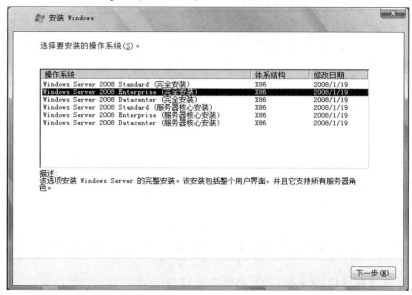

图 7.3 选择 Windows Server 2008 版本

步骤 5：在【请阅读许可条款】界面中，显示《MICROSOFT 软件许可条款》，只有接受该许可条款方可继续安装，选中【我接受许可条款】复选框，单击【下一步】按钮，如图 7.4 所示。

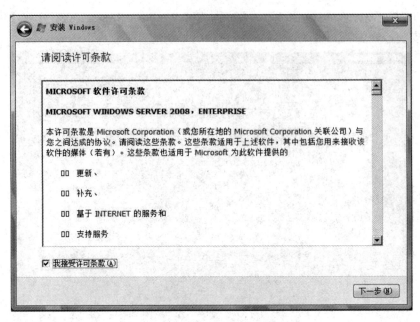

图 7.4　MICROSOFT 软件许可条款

步骤 6：在【您想进行何种类型的安装？】界面中，【升级】选项用于从旧版 Windows Server 2003 升级到 Windows Server 2008，如果计算机中没有安装任何操作系统，则该选项不可用。【自定义(高级)】选项用于全新安装，单击该选项进行全新安装，如图 7.5 所示。

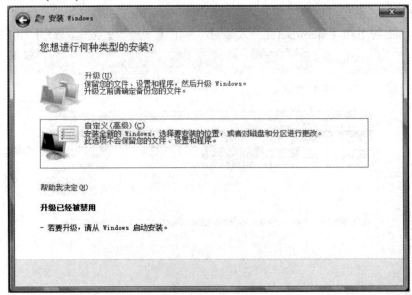

图 7.5　选择安装类型

步骤 7：在【您想将 Windows 安装在何处？】界面中，显示计算机硬盘分区信息，图 7.6 所示的计算机只有一块硬盘且没有分区。若计算机上安装了多块硬盘，则依次显示磁盘 1、磁盘 2……单击【驱动器选项(高级)】链接，对一块硬盘进行分区、格式化或删除已有分区等操作。

图 7.6　选择安装位置

步骤 8：在列表框中选择【磁盘 0 未分配空间】选项，单击【新建】按钮，在【大小】文本框中输入第一个分区的大小，如图 7.7 所示。主分区创建后，这时列表框中将出现两行磁盘分配信息，第一行为【磁盘 0 分区 1】，第二行仍为【磁盘 0 未分配空间】，但容量变小。再选择第二行，继续单击【新建】按钮，将剩余空间再划分给其他分区。所有分区都创建完成后，选中列表框中第一行【磁盘 0 分区 1】，单击【下一步】按钮将 Windows 安装在磁盘的第一个分区中，即 C 盘中。

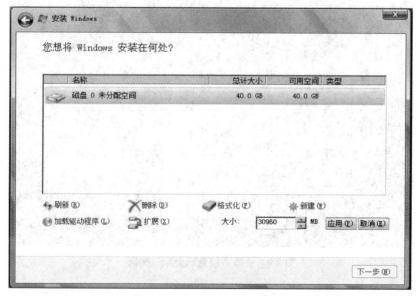

图 7.7　选择安装位置

步骤 9：打开【正在安装 Windows...】界面，开始复制文件并安装 Windows Server 2008，如图 7.8 所示。

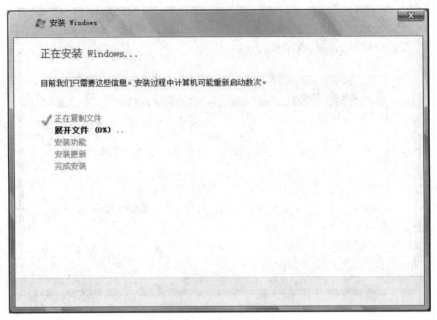

图 7.8　安装进度

步骤 10：Windows Server 2008 安装完毕后，系统会根据需要重新启动。重新启动后，在第一次登录之前要求用户必须更改系统管理员(Administrator)账户的密码，单击【确定】按钮设置系统管理员账户的密码即可，如图 7.9 所示。

图 7.9　更改系统管理员账户密码

四、启动 Windows Server 2008

Windows Server 2008 在安装完毕，并正确地设置系统管理员账户的密码之后，就可以使用了。

步骤 1：图 7.10 所示是 Windows Server 2008 启动后的第一个界面，提示用户按下 Ctrl + Alt + Delete 组合键进入用户登录窗口。

图 7.10　用户登录窗口

步骤 2：在用户登录窗口中，输入正确的系统管理员账户密码，登录到 Windows Server 2008 系统中，如图 7.11 所示。

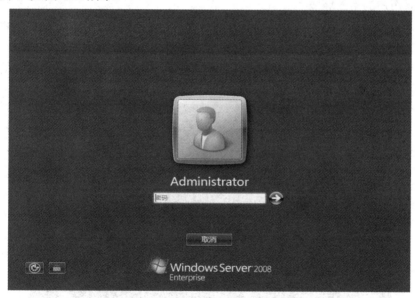

图 7.11　输入 Administrator 账户密码

步骤 3：在安装 Windows Server 2008 系统时，其与 Windows Server 2003 的最大区别是在整个安装过程中，不会提示用户设置计算机名、网络配置等信息，安装所需的时间大大减少。但作为一台服务器，这些信息又必不可少，因此 Windows Server 2008 系统第一次启动时，会默认打开【初始配置任务】窗口，要求管理员设置基本配置信息。图 7.12 为 Windows Server 2008 中的【初始配置任务】窗口。

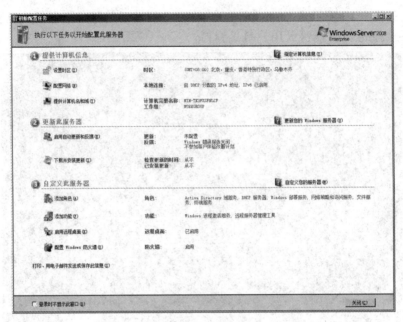

图 7.12　初始配置任务

五、Windows Server 2008 基本配置

1. 设置用户的桌面环境

安装好 Windows Server 2008 后，桌面上只有一个【回收站】图标。如果用户想在桌面上显示【计算机】、【网络】等图标，则可以通过个性化设置来完成。

步骤 1：双击【控制面板】中的【个性化】图标，或者右击桌面，在弹出的快捷菜单中选择【个性化】命令，如图 7.13 所示。

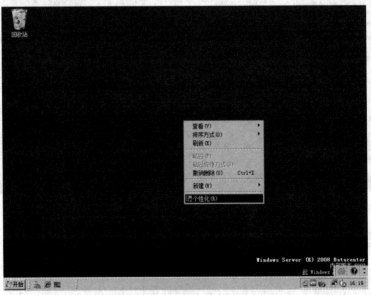

图 7.13　Windows Server 2008 桌面

步骤 2：在【个性化】窗口中，可以设置 Windows 颜色和外观、桌面背景、屏幕保护程序、声音、鼠标、鼠标指针、主题，以及显示设置。若要设置桌面图标，单击【更改桌面图标】链接，如图 7.14 所示。

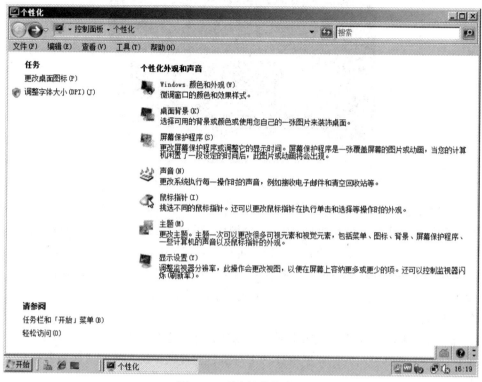

图 7.14 【个性化】窗口

步骤 3：在【桌面图标设置】对话框中，选中需要放在桌面的图标的相应复选框，单击【确定】按钮，如图 7.15 所示。

图 7.15 桌面图标设置图

步骤 4：此时，就可以在桌面上看到这些图标了，如图 7.16 所示。

图 7.16　Windows Server 2008 桌面

2. 更改计算机名与工作组名

在安装 Windows Server 2008 系统的整个过程中，不需要用户设置计算机名，系统使用的是长串随机字符串作为计算机名。为了更好地标识和识别计算机，在 Windows Server 2008 系统安装完毕后，最好还是将计算机名修改为易于记忆或具有一定意义的名称。

步骤 1：双击【控制面板】中的【系统】图标，打开【系统属性】对话框。

步骤 2：在【系统属性】对话框中，切换到【计算机名】选项卡，单击【更改】按钮，如图 7.17 所示。

步骤 3：在【计算机名/域更改】对话框的【计算机名】文本框中输入新的计算机名，在【工作组】文本框中输入计算机所处的工作组。设置完毕后，单击【确定】按钮，如图 7.18 所示。

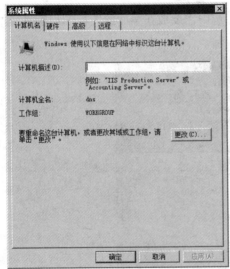

图 7.17　【计算机名】选项卡

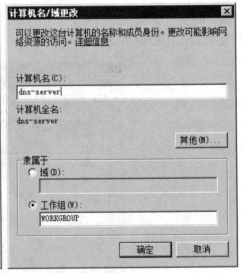

图 7.18　【计算机名/域更改】对话框

步骤 4：系统提示必须重新启动计算机才能使新的计算机名和组名生效。

3. 配置 Windows 防火墙

防火墙有助于防止黑客或恶意软件(如蠕虫)通过网络或 Internet 访问计算机。防火墙还有助于阻止本地计算机向其他计算机发送恶意软件。防火墙可以是软件，也可以是硬件，它能够检查来自 Internet 或网络的信息，然后根据设置来阻止或允许这些信息通过计算机。

步骤 1：双击【控制面板】窗口中的【Windows 防火墙】图标，或者在【网络和共享中心】窗口中，单击【Windows 防火墙】链接。

步骤 2：在【Windows 防火墙】对话框中，单击【启用或关闭 Windows 防火墙】链接启用防火墙。若要进行详细设置，可单击【更改设置】链接，如图 7.19 所示。

图 7.19 【Windows 防火墙】窗口

步骤 3：在【Windows 防火墙设置】对话框的【常规】选项卡中，可以启用防火墙，也可以关闭防火墙，如图 7.20 所示。

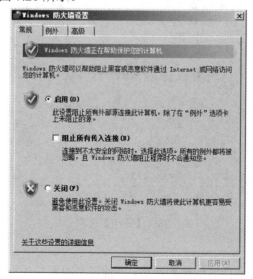

图 7.20 【常规】选项卡

步骤 4：切到【例外】选项卡，可以开放一些端口，或允许一些程序侦听网络请求，如图 7.21 所示。比如用户的计算机对外提供 Web 服务，则需要单击【添加端口】指定协议及服务所侦听的端口；单击【更改范围】按钮，指定哪些地址段的计算机能够访问该端口。

步骤 5：如果用户不知道应用程序用的是什么端口，单击【添加程序】按钮，可以直接添加应用程序，如图 7.22 所示。

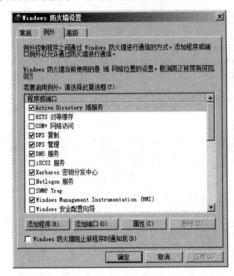 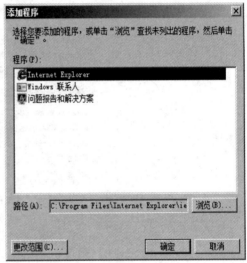

图 7.21　设置防火墙端口　　　　　图 7.22　添加应用程序

步骤 6：切换到【高级】选项卡，如果用户的计算机有多个网卡，可以指定防火墙应用到哪些网卡，如图 7.23 所示。

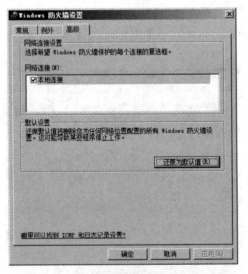

图 7.23　【高级】选项卡

4. 网络配置

要提供网络服务，必须能够连接到网络，因此需要对网络进行配置。右击桌面上的【网络】图标，选择【属性】菜单，打开【网络和共享中心】窗口。也可以从【开始】→【控制面板】→【网络和 Internet】→【网络和共享中心】菜单打开该窗口。

　　Windows Server 2008 的网络设置和 Vista、Windows 7 类似，但比 Windows XP、Windows Server 2003 复杂，当然功能也比较强。先介绍几个概念，Windows Server 2008 中以下三个设置是有关联的，因此需要知道它们是如何关联的。

　　网络发现：一组协议或者功能，能使用户的计算机和其他计算机互相发现对方，网络发现通常是计算机之间文件共享的基础，能发现对方才能方便地使用对方的共享文件。

　　位置类型：有公用、专用、域三种，公用是指计算机放置于机场、咖啡厅等公共场所。专用是指计算机在办公室、家庭等专用场所。之所以区分位置，是因为不同场所中计算机受到的威胁是不一样的，在公共场所明显更不安全，因此保护计算机的措施也将是不一样的。域是指连接到某一个域中。

　　防火墙：通过检查来自网络的信息(数据包)，然后根据设置阻止或者允许信息通过计算机。

　　【注意】　据调查，来自网络内部的攻击比例在上升，因此网络安全不能只注意外部的攻击。

　　1) 位置类型设置

　　在【网络和共享中心】中，单击右侧【自定义】链接，打开如图 7.24 所示的窗口，可以对网络名和位置类型进行设置，单击【下一步】按钮，一一关闭窗口即可。

　　【公用】选项：用户的计算机和其他计算机之间将无法相互进行网络发现，同时限制某些程序使用网络。选择该选项后，如果回到【网络和共享中心】窗口，则可以看到此时【网络发现】功能处于关闭状态。

　　【专用】选项：用户的计算机和其他计算机之间将可以相互进行网络发现，此时【网络发现】功能处于启用状态。

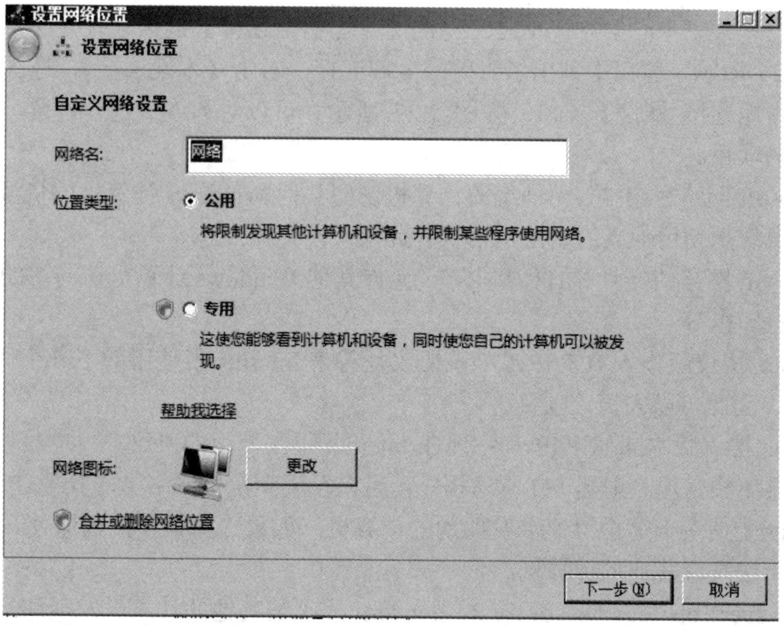

图 7.24　【设置网络位置】窗口

2）网络发现设置

前面已经知道改变位置类型会影响网络发现功能的状态，然而我们还是可以单独改变网络发现功能的状态。例如：即使我们把计算机位置类型设置为【专用】，为了安全起见还是可以关闭网络发现功能。步骤如下：在【网络和共享中心】中，单击【网络发现】右侧的向下箭头图标，展开窗口，如图 7.25 所示，选择【关闭网络发现】选项，再单击【应用】按钮。

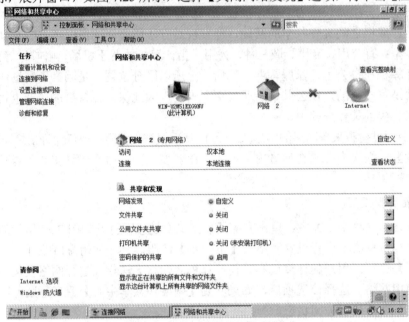

图 7.25　启用或关闭网络发现

3）网络连接管理

在【网络和共享中心】中，单击左侧的【管理网络连接】链接，打开【网络连接】窗口，如图 7.26 所示，窗口中列出了当前的全部连接。右击【本地连接】，选择【属性】菜单，打开【本地连接 属性】窗口，如图 7.27 所示，可以对该连接进行设置。默认该连接启用了全部的项目。

● Microsoft 网络客户端：允许您的计算机访问其他 Windows 计算机的资源，例如共享文件夹，如果您想使用他人的资源，请打开此项。

● Microsoft 网络的文件和打印机共享：允许其他 Windows 计算机访问您的计算机的共享文件夹、打印机等。

● Internet 协议版本 6(TCP/IPv6)：该协议是将来 Internet 将使用的下一个协议，本书中不使用 IPv6，因此可以去掉该项目。

● Internet 协议版本 4(TCP/IPv4)：现在 Internet 正在使用的协议。

● 链路层拓扑发现映射器 I/O 驱动程序：用以发现和定位网络上的其他计算机、设备。网络发现功能就是基于这个协议来发现别的计算机，如果去掉该项，则即使开启了网络发现功能，也无法发现其他的计算机。

● Link-Layer Topology Discovery Responder：用于被其他的计算机发现您的计算机，实际就是当其他的计算机发送网络发现的数据包时，您的计算机会进行应答。

图 7.26　【网络连接】窗口

4) IP 地址设置

在图 7.27 中，选中【Internet 协议版本 4(TCP/IPv4)】，单击【属性】按钮，打开如图
7.28 所示的窗口，对 IPv4 进行设置，配置 IP 地址、掩码、网关、DNS 服务器的地址。

图 7.27　【本地连接 属性】窗口

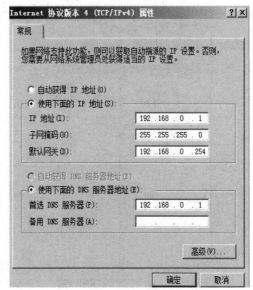

图 7.28　【IPv4 属性】窗口

5. Windows Server 2008 管理控制台

Windows Server 2008 具有完善的集成管理特性，这种特性允许管理员为本地和远程计
算机创建自定义的管理工具。这个管理工具就是微软系统管理控制台(MMC，Microsoft
Management Console)，它是一个用来管理 Windows 系统的网络、计算机、服务及其他系统

组件管理平台。

1) 管理单元

MMC 不是执行具体管理功能的程序，而是一个集成管理平台工具。MMC 集成了被称为管理单元的管理性程序，这些管理单元就是 MMC 提供用于创建、保存和打开管理工具的标准方法。

管理单元是用户直接执行管理任务的应用程序，是 MMC 的基本组件。Windows Server 2008 在 MMC 中有两种类型的管理单元：独立管理单元和扩展管理单元。其中，独立管理单元(我们常称为管理单元)可以直接添加到控制台根节点下，每个独立管理单元提供一个相关功能；扩展管理单元是为独立管理单元提供额外管理功能的管理单元，一般是添加到已经有了独立管理单元的节点下，用来丰富其管理功能。系统管理员可以通过添加或删除一些特定的管理单元，使不同的用户执行特定的管理任务。

MMC 窗口由两部分窗格组成：左边显示的是【控制台根节点】，包含了多个管理单元的树状体系，显示了控制台中可以使用的项目；右边窗格为节点的详细资料内容，列出这些项目的信息和有关功能。随着单击控制台树中的不同项目，详细信息窗格中的信息也将变化。详细信息窗格可以显示不同的信息，包括网页、图形、图表、表格和列。每个控制台都有自己的菜单和工具栏，与主 MMC 窗口的菜单和工具栏分开，这有利于用户执行任务，如图 7.29 所示。

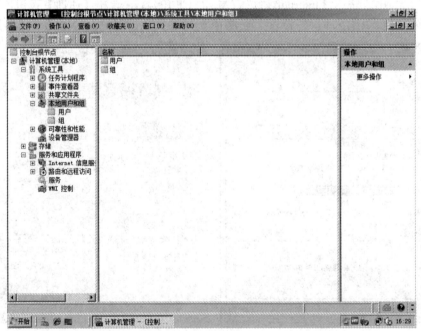

图 7.29　管理控制台

2) 管理控制台的操作

管理控制台的操作主要包括打开 MMC、添加删除管理单元。

(1) 打开 MMC。

执行以下任一操作方法可以打开 MMC。

方法 1：选择【开始】→【运行】命令，在运行对话框中的【打开】文本框中输入 mmc 命令，然后单击【确定】按钮即可打开 MMC 窗口，如图 7.30 所示。

方法 2：在【开始】菜单中【开始搜索】文本框中输入 mmc 命令。

方法 3：在命令提示符窗口中输入 mmc 命令，然后按 Enter 键。

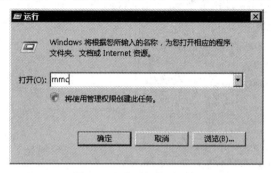

图 7.30　【运行】对话框

(2) 添加/删除管理单元。

系统管理员通过创建自定义的 MMC 可以把完成单个任务的多个管理单元组合在一起，使用一个统一的管理界面来完成适合自身企业应用环境的大多数管理任务。

下面介绍创建自定义的 MMC 的具体步骤。

步骤 1：打开 MMC 窗口。

步骤 2：MMC 的初始窗口是空白的，如图 7.31 所示，选择【文件】→【添加/删除管理单元】命令，向控制台添加新的管理单元(或删除已有的管理单元)。

图 7.31　空白的管理控制台

步骤 3：打开【添加或删除管理单元】对话框后，从【可用的管理单元】列表框中选择要添加的管理单元，然后单击【添加】按钮将其添加到【所选管理单元】列表框中，添加完毕后，单击【确定】按钮，如图 7.32 所示。

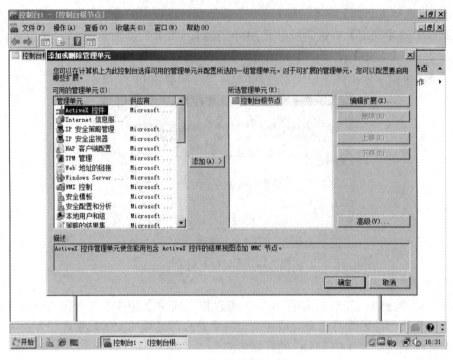

图 7.32　添加或删除管理单元

本 章 小 结

　　网络操作系统负责整个网络系统的软硬件资源的管理和控制。本章介绍了网络操作系统的定义、特点、功能及分类等。Windows Server 2008 因为其操作方式和其他的 Windows 产品一样而受到管理员的喜爱，比起之前的网络操作系统，Windows Server 2008 在性能、安全性等方面有很大的改善。微软为满足不同企业的需求，发行了 9 个版本，这些版本在性能和功能上有一定的差别。和其他操作系统一样，Windows Server 2008 也有一个最低的硬件要求，现在的计算机基本上都能满足。Windows Server 2008 的安装过程比较简单，整个过程只需要十几分钟，期间也不需回答很多问题。安装完毕后，有几个配置是必须完成的：设置桌面工作环境、更改计算机名与工作组名、设置防火墙、设置网络环境、管理控制台等。通过学习网络操作系统的概述及 Windows Server 2008 的安装和基本配置，学生应对网络操作系统有深刻的认识。

练 习 题

一、填空题

1. 网络操作系统是网络用户与＿＿＿＿＿之间的接口。

2. Windows Server 2008 操作系统的安装方式有＿＿＿＿、＿＿＿＿、＿＿＿＿、＿＿＿＿等方式。

3. 要启动管理控制台，可以选择【开始】→【运行】命令，在【运行】对话框中输入_____命令并按 Enter 键。

二、选择题

1. 网络操作系统是一种(　　)。

A. 系统软件　　　　B. 系统硬件　　　　C. 应用软件　　　　D. 支援软件

2. 网络操作系统主要解决的问题是(　　)。

A. 网络用户使用界面　　　　　　B. 网络资源共享与网络安全访问限制

C. 网络资源共享　　　　　　　　D. 网络安全防范

3. 管理员小李发现网络中有计算机重名现象，他找到其中一台重名的运行 Windows Server 2008 的计算机，希望在【控制面板】里重命名计算机，那么他可以在(　　)位置更改计算机名。

A. 系统　　　　　　B. 显示　　　　　　C. 网络连接　　　　　　D. 管理工具

三、简答题

1. 简述什么是网络操作系统？

2. 网络操作系统功能是什么？

3. 一个典型的网络操作系统有什么特征？

第8章　计算机网络应用

8.1　域名系统(DNS)

IP 地址是一个 32 比特长的二进制数，对于一般用户来说，要记住 IP 地址比较困难。为了向一般用户提供一种直观明了的主机识别符(主机名)，TCP/IP 协议专门设计了一种字符型的主机命名机制，给每一台主机一个由字符串组成的名字，这种主机名相对于 IP 地址来说是一种更为高级的地址形式——域名。DNS 是域名系统(Domain Name System)的英文缩写，是指在 Internet 中使用的分配名称和地址的机制。在 Internet 上域名与 IP 地址之间是一一对应的，域名虽然便于人们记忆，但计算机服务器或其他网络设备之间通信只能使用 IP 地址，它们之间的转换工作称为域名解析。域名解析需要由专门的域名解析服务器来完成，DNS 就是进行域名解析的服务器。

一、DNS 的域名结构

任何一个连接在因特网上的主机或路由器，都有一个唯一的层次结构的名字，即域名。域名的结构由若干个分量组成，各分量之间用点隔开，分别代表不同级别的域名，即"….三级域名.二级域名.顶级域名"。

在 TCP/IP 互联网上采用的是层次树状结构的命名方法，通常称之为域树结构(如图 8.1 所示)，一般是由主机名和主机名所在域的名字共同组成的。顶级域名的划分采用了两种划分模式，即组织模式和地理模式。组织模式下最初只有 6 个顶级域名，分别是 com(商业机构)、edu(教育机构)、gov(美国政府部门)、mil(美国军事部门)、net(提供网络服务的系统)和 org(非赢利性组织)，后来又增加了一个为国际组织所使用的 int。地理模式用于划分不同国家或地区的顶级域名，如 cn 表示中国、uk 表示英国、pr 表示法国、jp 表示日本、hk 代表中国香港等。

在我国，现将二级域名划分为"类别域名"和"行政区域名"两大类。其中"类别域名"有 7 个，分别是 ac(科研机构)、com(工、商、金融等企业)、edu(教育机构)、gov(政府机构)、mil(国防机构)、net(提供互联网络服务的机构)、org(非营利性的组织)。

"行政区域名"有 34 个，包括了我国的各省、自治区、直辖市。例如：bj(北京市)、sh(上海市)等。二级域名 edu 下申请注册三级域名由中国教育和科研计算机网网络中心负责。

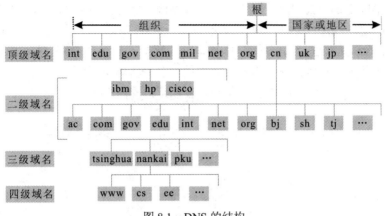

图 8.1 DNS 的结构

二、域名服务器

把域名翻译成 IP 地址的软件称域名系统,即 DNS。它是一种管理名字的方法。这种方法是:分不同的组来负责各子系统的名字。系统中的每一层叫作一个域,每个域用一个点分开。所谓域名服务器(Domain Name Server,简称 Name Server)实际上就是装有域名系统的主机,它是一种能够实现名字解析(name resolution)的分层结构数据库。要实现域名的管理以及域名解析,就要依靠分布在网络中的域名服务器来实现。在因特网中,一个服务器所负责管辖的(或有权限的)范围叫作区(zone)。各单位根据具体情况来划分自己管辖范围的区,但在一个区中的所有节点必须是能够连通的。每一个区设置相应的权限域名服务器(authoritative name server),用来保存该区中的所有主机的域名到 IP 地址的映射。总之,DNS 服务器的管辖范围不是以"域"为单位,而是以"区"为单位。区是 DNS 服务器实际管辖的范围。区可能等于或小于域,但一定不可能大于域。

图 8.2 是区的不同划分方法的举例。假定 abc 公司有下属部门 x 和 y,部门 x 下面又分三个部门 u、v 和 w,而 y 下面还有其下属部门 t。图 8.2(a)表示 abc 公司只设一个区 abc.com,这时区 abc.com 和域 abc.com 是相同的。但图 8.2(b)表示 abc 公司划分了两个区(大的公司可能要划分多个区):abc.com 和 y.abc.com。这两个区都隶属于域 abc.com,都设置了相应的权限域名服务器。不难看出,区是"域"的子集。

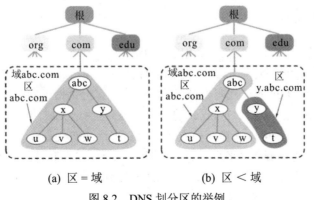

(a) 区＝域   (b) 区＜域

图 8.2 DNS 划分区的举例

图 8.3 以图 8.2(b)中公司 abc 划分的两个区为例，给出了 DNS 域名服务器树状结构图。这种 DNS 域名服务器树状结构图可以更准确地反映出 DNS 的分布式结构。图 8.3 中的每一个域名服务器都能够进行部分域名到 IP 地址的解析。当某个 DNS 服务器不能进行域名到 IP 地址的转换时，它就设法让因特网上别的域名服务器进行解析。

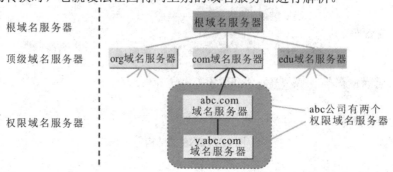

图 8.3　树状结构的 DNS 域名服务器

从图 8.3 中可看出，因特网上的 DNS 域名服务器也是按照层次安排的，每一个域名服务器都只对域名体系中的一部分进行管辖。根据域名服务器所起的作用，可以把域名服务器划分为以下四种类型：

(1) 根域名服务器(root name server)。根域名服务器是最高层次的域名服务器。

(2) 顶级域名服务器(TLD server)。顶级域名服务器负责管理在本顶级域名服务器上注册的所有二级域名。

(3) 权限域名服务器(authoritative name server)。DNS 采用分区的办法来设置域名服务器，每一个区都设置有服务器，这个服务器称为权限服务器，它负责将其管辖区内的主机域名转换为相应的 IP 地址，在其上保存有所管辖区内的所有主机域名到 IP 地址的映射。

(4) 本地域名服务器(local name server)，也称为默认域名服务器。

为了提高域名服务器的可靠性，DNS 域名服务器会把数据复制到几个域名服务器来保存，其中的一个是主域名服务器(master name server)，其他的是辅助域名服务器(secondary name server)。当主域名服务器出故障时，辅助域名服务器可以保证 DNS 的查询工作不会中断。主域名服务器定期把数据复制到辅助域名服务器中，而更改数据只能在主域名服务器中进行。这样就保证了数据的一致性。

三、DNS 的解析过程

主机域名不能直接用于 TCP/IP 协议的路由选择。当用户使用主机域名进行通信时，必须先将其映射成 IP 地址，因为 Internet 通信软件在发送和接收数据时都必须使用 IP 地址。将主机域名映射为 IP 地址的过程叫作域名解析。域名解析包括正向解析(从域名到 IP 地址)和反向解析(从 IP 地址到域名)。Internet 的 DNS 能够透明地完成此项工作。

在域名解析过程中，可以选择两种方式：递归查询或迭代查询。

(1) 递归查询：要求域名服务器系统一次性完成全部域名和地址之间的映射。

(2) 迭代查询：也称反复解析，每一次请求一个服务器，不行再请求别的服务器。

图 8.4 举例子说明了这两种查询的区别。

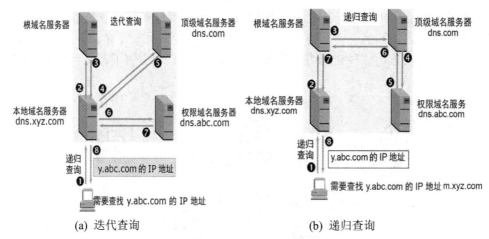

(a)　迭代查询　　　　　　　　　　　　(b)　递归查询

图 8.4　DNS 查询举例

例如主机 m.xyz.com 打算发送邮件给主机 y.abc.com，这时就必须知道主机 y.abc.com 的 IP 地址。下面是图 8.4(a)的查询步骤：

(1) 主机 m.xyz.com 先向其本地域名服务器 dns.xyz.com 进行递归查询。

(2) 本地域名服务器采用迭代查询。它先向一个根域名服务器查询。

(3) 根域名服务器告诉本地域名服务器,下一次应查询的顶级域名服务器 dns.com 的 IP 地址。

(4) 本地域名服务器向顶级域名服务器 dns.com 进行查询。

(5) 顶级域名服务器 dns.com 告诉本地域名服务器下一次应查询的权限域名服务器 dns.abc.com 的 IP 地址。

(6) 本地域名服务器向权限域名服务器 dns.abc.com 进行查询。

(7) 权限域名服务器 dns.abc.com 告诉本地域名服务器所查询的主机的 IP 地址。

(8) 本地域名服务器最后把查询结果告诉主机 m.xyz.com。

我们注意到，这 8 个步骤总共要使用 8 个 UDP(用户数据报)的报文。本地域名服务器经过三次迭代查询后,从权限域名服务器 dns.abc.com 那里得到了主机 y.abc.com 的 IP 地址，最后把结果返回给发起查询的主机 m.xyz.com。

图 8.4(b)是本地域名服务器采用递归查询的情况。在这种情况下，本地域名服务器只需向根域名服务器查询一次，后面的几次查询都是在其他几个域名服务器之间进行的(步骤(3)至步骤(6))，只是在步骤(7)中，本地域名服务器从根域名服务器得到了所需的 IP 地址。最后在步骤(8)中，本地域名服务器把查询结果告诉主机 m.xyz.com。整个的查询也是使用 8 个 UDP 报文。

8.2　万维网 (WWW)

一、万维网

万维网(WWW，World Wide Web)并非某种特殊的计算机网络。万维网是一个大规模的、联机式的信息储藏所，英文简称为 Web。万维网用链接的方法能非常方便地从因特网上的一个站点访问另一个站点(也就是所谓的"链接到另一个站点")，从而主动地按需获取丰富的信息。这种访问方式称为"链接"。图 8.5 说明了万维网提供分布式服务的特点。

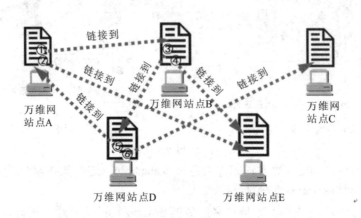

图 8.5　万维网提供分布式服务

从概念上讲，万维网(WWW)由通过因特网能访问到的大量文档的集合构成，这些文档称为万维网页面(Web page)，也可以简称为页面。因特网与万维网两者是有区别的。前面已经指出，因特网是全世界范围内最大的一个互联网，由分布在世界各地的互联网组成；而万维网不是一种具体的网络，只是一种基于因特网的具体应用，是由分布在世界各地的因特网上的大量的文档组成的。万维网是一个分布式的超媒体(hypermedia)系统，它是超文本(hypertext)系统的扩充。一个超文本由多个信息源链接而成。利用一个链接可使用户找到另一个文档。这些文档可以位于世界上任何一个接在因特网上的超文本系统中。超文本是万维网的基础。超媒体与超文本的区别是文档内容不同。超文本文档仅包含文本信息，而超媒体文档还包含其他表示方式的信息，如图形、图像、声音、动画，甚至活动视频图像。

万维网以客户服务器方式工作。浏览器就是用户计算机上的万维网客户程序。万维网文档所驻留的计算机则运行服务器程序，因此这个计算机也称为万维网服务器。客户程序向服务器程序发出请求，服务器程序向客户程序送回客户所要的万维网文档。在一个客户程序主窗口上显示出的万维网文档称为页面(page)。

二、统一资源定位符

统一资源定位符(URL)是对可以从因特网上得到的资源的位置和访问方法的一种简洁的表示。URL 相当于一个文件名在网络范围的扩展。因此 URL 是与因特网相连的机器上的任何可访问对象的一个指针。

1. URL 的一般形式

URL 由以冒号隔开的两大部分组成，并且 URL 中的字符对大写或小写没有要求。URL

的一般形式如图 8.6 所示。

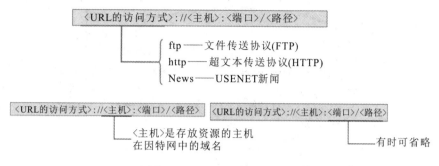

图 8.6　URL 的一般形式

2. 使用 FTP 的 URL

使用 FTP 的 URL 举例如图 8.7 所示。

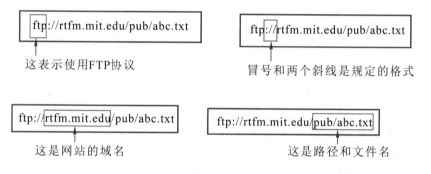

图 8.7　使用 FTP 的 URL

3. 使用 HTTP 的 URL

使用 HTTP 的 URL 的一般形式如图 8.8 所示。

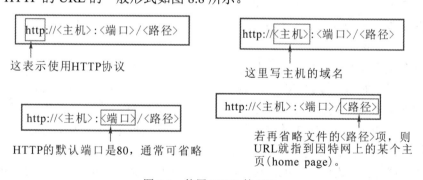

图 8.8　使用 HTTP 的 URL

三、超文本传送协议 HTTP

　　HTTP 协议定义了浏览器怎样向服务器请求万维网文档，以及服务器怎样把文档传送给浏览器。它是万维网上能够可靠地交换文件(包括文本、声音、图像等各种多媒体文件)的重要基础。万维网的大致工作过程如图 8.9 所示。

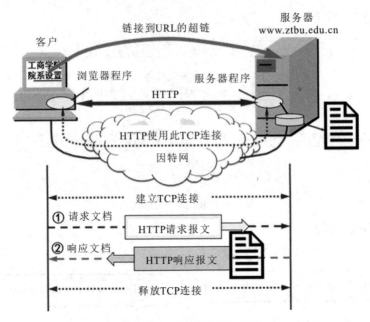

图 8.9　万维网的工作过程

假定图 8.9 中的用户用鼠标点击了屏幕上的一个可选部分，其链接指向了"郑州工商学院院系设置"的页面，其 URL 是 http://www.ztbu.edu.cn/xyz/index.htm。下面我们以HTTP/1.0 为例更具体地说明在用户点击鼠标后所发生的几个事件。

(1) 浏览器分析超链接指向页面的 URL。

(2) 浏览器向 DNS 请求解析 www.ztbu.edu.cn 的 IP 地址。

(3) 域名系统解析出工商学院服务器的 IP 地址。

(4) 浏览器与服务器建立 TCP 连接。

(5) 浏览器发出取文件命令：GET /xyz/index.htm。

(6) 服务器 www.ztbu.edu.cn 给出响应，把文件 index.htm 发给浏览器。

(7) TCP 连接释放。

(8) 浏览器显示"工商学院院系设置"文件 index.htm 中的所有文本。

HTTP 使用了面向连接的 TCP 作为运输层协议，保证了数据的可靠传输。HTTP 不必考虑数据在传输过程中被丢弃后又怎样被重传。但是，HTTP 协议本身是无连接的。这就是说，虽然 HTTP 使用了 TCP 连接，但通信的双方在交换 HTTP 报文之前不需要先建立HTTP 连接。

HTTP 协议是无状态的。也就是说，同一个客户第二次访问同一个服务器上的页面时，服务器的响应与第一次被访问时的相同(假定现在服务器还没有把该页面更新)，因为服务器并不记得曾经访问过的这个客户，也不记得为该客户曾经服务过多少次。HTTP 的无状态特性简化了服务器的设计，使服务器更容易支持大量并发的 HTTP 请求。

下面我们粗略估算一下，从浏览器请求一个万维网文档到收到整个文档所需的时间(如图 8.10 所示)。用户在点击鼠标链接某个万维网文档时，HTTP 协议首先要和服务器建立 TCP 连接。这需要使用三次握手。当三次握手的前两部分完成后(即经过了一个RIT 时间后)，万维网客户就把 HTTP 请求报文作为三次握手的第三个报文的数据发送给万维网服务器。服务器收到 HTTP 请求报文后，就把所请求的文档作为响应报文返回给客户。

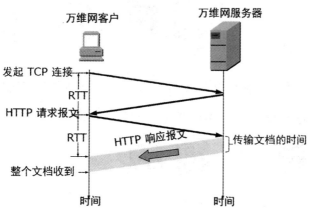

图 8.10　请求一个万维网文档所需的时间

从图 8.10 可看出，请求一个万维网文档所需的时间是该文档的传输时间(与文档大小成正比)加上两倍往返时间 RTT(一个 RTT 用于连接 TCP 连接，另一个 RTT 用于请求和接收万维网文档)。这里 TCP 建立连接的三次握手的第三个报文段中捎带了客户对万维网文档的请求。

四、HTTP 万维网的文档

WWW 文档可以分为三大类：静态文档、动态文档和活动文档，其中动态文档有时也称为服务器端动态文档，而活动文档有时也称为客户端动态文档。这种分类方式基于文档内容被确定的时间。

1. 静态文档

静态文档是一个存放于 Web 服务器上的 HTML 文件。静态文档的作者在创建文档时就已经确定了文档的具体内容，由于文档的内容不会发生变化，所以对静态文档的每一次访问都返回相同的结果，如图 8.11 所示。

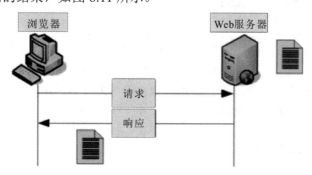

图 8.11　静态文档的访问过程

2. 动态文档

动态文档是在浏览器请求该文档时才由 Web 服务器创建出来，如图 8.12 所示。

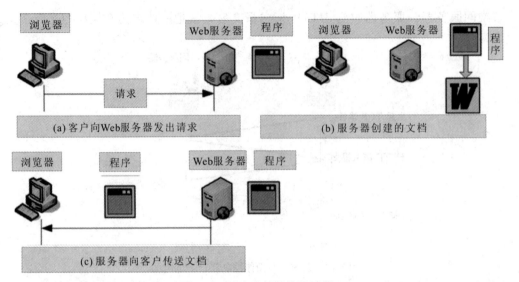

图 8.12　动态文档的访问过程

3. 活动文档

对于许多应用，我们需要程序能够在客户端运行，这样产生的文档叫作活动文档，如图 8.13 所示。

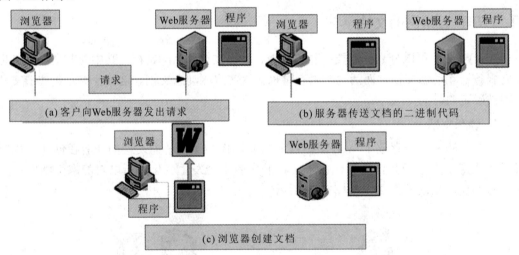

图 8.13　活动文档的访问过程

动态文档和静态文档之间的主要差别体现在服务器一端，主要是文档内容的生成方法不同。而从浏览器的角度看，这两种文档并没有区别。

五、万维网的信息检索系统

在万维网中用来进行搜索的程序叫作搜索引擎，它分为两种：一种是全文检索搜索引擎，它是一种纯技术型的检索工具；另一种是分类目录搜索引擎，它利用各网站向搜索引擎提交网站信息时填写的关键词和网站描述等信息，经过人工审核编辑后，如果认为符合网站登录的条件，则输入到分类目录的数据库中，供网上用户查询。

著名的全文检索搜索引擎有百度(www.baidu.com)、Google(谷歌)(www.google.com)等。

著名的分类目录搜索引擎有雅虎(www.yahoo.com)、雅虎中国(cn.yahoo.com)、新浪(www.sina.com)、搜狐(www.sohu.com)、网易(www.163.com)等。

8.3　动态主机配置协议(DHCP)

一、DHCP 的产生背景及概述

在计算机网络的发展历程中，最初的反向地址解析协议(RARP，Reverse Address Resolution Protocol)是为了让计算机能够获取一个可用的 IP 地址而设计的。后来，计算机可以通过引导程序协议(BOOTP，Bootstrap Protocol)来获取这些信息，取代了 RARP 协议。最终,研究人员开发出了 BOOTP 的增强版本,即当今较为通用的动态主机配置协议(DHCP，Dynamic Host Configuration Protocol)。

为了将软件协议做成通用的和便于移植的，协议软件的编写者把协议软件参数化。这就使得在很多台计算机上使用同一个经过编译的二进制代码成为可能。一台计算机和另一台计算机的区别，可以通过不同的参数来体现。在软件协议运行之前，必须给每一个参数赋值。

在协议软件中给这些参数赋值的动作叫作协议配置。一个软件协议在使用之前必须是已正确配置的。具体的配置信息有哪些则取决于协议栈。例如，连接到因特网的计算机的协议软件需要配置的项目包括 IP 地址、子网掩码、默认路由器的 IP 地址、域名服务器的 IP 地址等。这些信息通常存储在一个配置文件中，计算机在引导过程中可以对这个文件进行存取。

DHCP 提供了即插即用连网(plug-and-play networking)的机制。这种机制允许一台计算机不用手工参与就能加入新的网络和获取 IP 地址。

二、DHCP 的工作过程

1. 地址分配

DHCP 采用 C/S 工作模式，所有的配置参数都由 DHCP 服务器集中管理，并负责处理客户端的 DHCP 请求；而客户端则会使用服务器分配的 IP 网络参数进行通信。为了动态获取并使用一个合法的 IP 地址，需要经历四个阶段：发现阶段、提供阶段、选择阶段和确认阶段。

2. 更新租约

(1) IP 租约期限达到一半(T1)时,DHCP 客户端会向 DHCP 服务器发送 DHCPREQUEST 报文，请求更新 IP 地址租约。

(2) 到达租约期限的 87.5%(T2)时，如果仍未收到 DHCP 服务器的应答，DHCP 客户端会向 DHCP 服务器重新发送请求更新 IP 地址租约的 DHCPREQUEST 报文。

图 8.14 是 DHCP 状态转换图。

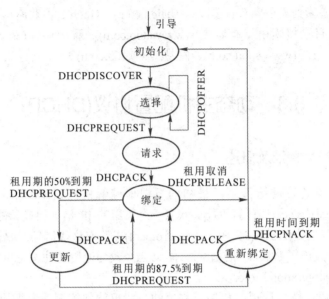

图 8.14　DHCP 状态转换

3. DHCP 的中继工作过程

前面在讲述 DHCP 地址分配的过程时说到，DHCP 客户端会以广播方式发送 DHCPDISCOVER 报文来寻找服务器。那么，要想成功找到 DHCP 服务器，就要求客户端和服务器只能工作在同一个网段当中；若跨网段工作，路由器会阻断广播报文，就会出现找不到其他网段上的 DHCP 服务器的情况。这样一来，就需要在所有网段上都配置一台 DHCP 服务器，这显然是不经济甚至是不现实的。其实，早在 BOOTP 协议中就已经解决了跨网段的问题。我们下面就来看一下 DHCP 是怎样解决这个问题的。

DHCP 是通过引入中继代理(Relay Agent)来解决这一问题的。中继代理在处于不同网段间的 DHCP 客户端和服务器之间提供服务，将 DHCP 协议报文跨网段传送到目的 DHCP 服务器，于是不同网络上的 DHCP 客户端可以共同使用一个 DHCP 服务器。通过 DHCP 中继代理完成动态配置的过程中，客户端与服务器的处理方式与不通过 DHCP 中继代理时的处理方式基本相同。图 8.15 表示 DHTP 中继的工作过程。

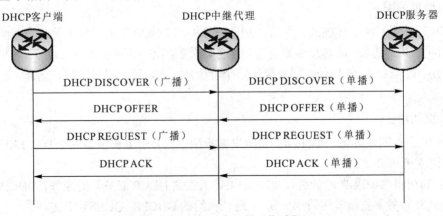

图 8.15　DHCP 中继的工作过程

4. DHCP 协议的工作过程

DHCP 的详细工作过程如图 8.16 所示。DHCP 客户使用的 UDP 端口是 68，而 DHCP 服务器使用的 UDP 端口是 67。这两个 UDP 端口都是熟知端口。下面对图 8.16 中的注释编号(❶至❾)进行简单的解释。

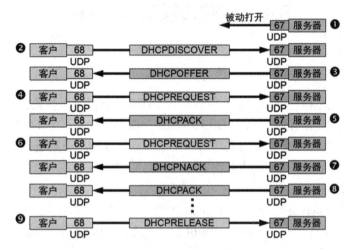

图 8.16 DHCP 协议的工作过程

❶ DHCP 服务器被动打开 UDP 端口 67，等待客户端发来的报文。

❷ DHCP 客户从 UDP 端口 68 发送 DHCP 发现报文 DHCPDISCOVER。

❸ 凡收到 DHCP 发现报文的 DHCP 服务器都发出 DHCP 提供报文 DHCPOFFER，因此 DHCP 客户可能收到多个 DHCPOFFER。

❹ DHCP 客户从几个 DHCP 服务器中选择其中的一个，并向所选择的 DHCP 服务器发送 DHCP 请求报文 DHCPREQUEST。

❺ 被选择的 DHCP 服务器发送确认报文 DHCPACK。从这时起，DHCP 客户就可以使用这个 IP 地址了。这种状态叫作已绑定状态，因为在 DHCP 客户端的 IP 地址和硬件地址已经完成绑定，并且可以开始使用得到的临时 IP 地址了。

DHCP 客户现在要根据服务器提供的租用期 T 设置两个计时器 T1 和 T2，它们的超时时间分别是 0.5T 和 0.875T。当超时时间到了就要请求更新租用期。

❻ 租用期过了一半时(T1 时间到)，DHCP 发送请求报文 DHCPREQUEST 要求更新租用期。

❼ DHCP 服务器若不同意，则发回否认报文 DHCPNACK。这时 DHCP 客户必须立即停止使用原来的 IP 地址，而必须重新申请 IP 地址(回到步骤❷)。

❽ DHCP 服务器若同意，则发回确认报文 DHCPACK。DHCP 客户得到了新的租用期，重新设置计时器。

若 DHCP 服务器不响应步骤❻的请求报文 DHCPREQUEST，则在租用期过了 87.5%时，DHCP 客户必须重新发送请求报文 DHCPREQUEST(重复步骤❻)，然后继续后面的步骤。

❾ DHCP 客户可随时提前终止服务器所提供的租用期，这时只需向 DHCP 服务器发送释放报文 DHCPRELEASE 即可。

DHCP 很适合经常移动位置的计算机。当计算机使用 Windows 操作系统时，点击控制面板的网络图标就可以找到某个连接中的"网络"下面的菜单，找到 TCP/IP 协议后点击其"属性"按钮，若选择"自动获得 IP 地址"和"自动获得 DNS 服务器地址"，就表示正在使用 DHCP 协议。

8.4　文件传输协议(FTP)

一、FTP 概述

在 TCP/IP 实现之前，就已经有了用于 ARPANET 的标准文件传输协议。这些早期的文件传输软件版本逐步演化成了目前使用的标准，称为文件传输协议(FTP，File Transfer Protocol)。FTP 可以将一个完整的文件从一个系统复制到另一个系统中，并且保证传输的可靠性。FTP 用一种较为简单的方法解决了在网络环境中将文件从一台计算机复制到另一台计算机中的异构问题。

FTP 是重要的 Internet 协议，也是 Internet 的一个组件，它可以在服务器和客户机之间双向传输文件，即上传和下载。FTP 服务也采用的是客户机/服务器模式。客户机和服务器之间建立一个 TCP 连接，通过 TCP 端口进行数据传递。默认情况下 FTP 服务器预置的 TCP 端口号为 21 和 20。其中端口号 21 状态为始终开启，用于传输控制命令；端口号 20 只有在进行数据传输时开启，用于传输数据。

二、FTP 的工作原理

大多数 FTP 服务器允许多个客户的并发访问。FTP 使用客户机/服务器模式，但与大多数 C/S 模式下的应用程序不同，FTP 客户端与服务器之间建立的是双重连接。一个是控制连接(control connection)，主要用于传输 FTP 控制命令；另一个是数据传送连接(data transfer connection)，主要用于数据传送。不管是控制连接还是数据传送连接，都是由相关的操作系统进程来进行管理的。

FTP 的工作情况如图 8.17 所示，在进行文件传输时，FTP 的客户机和服务器之间要建立两个并行的 TCP 连接："控制连接"和"数据连接"。控制连接在整个会话期间一直保持打开，FTP 客户所发出的传送请求，通过控制连接发送给服务器端的控制进程。服务器端的控制进程在接收到 FTP 客户发送来的文件传输请求后就创建"数据传送进程"和"数据连接"，用来连接客户端和服务器端的数据传送进程。在传送完毕后关闭"数据传送连接"并结束运行。由于 FTP 使用了一个分离的控制连接，因此 FTP 的控制信息是带外(out of band)传送的。

当客户进程向服务器进程发出建立连接请求时，要寻找连接服务器进程的熟知端口(21)，同时还要告诉服务器进程自己的另一个端口号码，用于建立数据传送连接。接着，服务器进程用自己传送数据的熟知端口(20)与客户进程所提供的端口号码建立数据传送连接。

由于 FTP 使用了两个不同的端口号，所以数据连接与控制连接不会发生混乱。使用两个独立的连接的主要好处是使协议更加简单和更容易实现，同时在传输文件时还可以利用控制连接(例如，客户发送请求终止传输)。

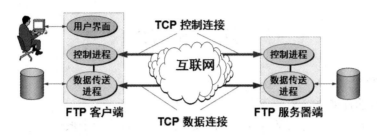

图 8.17　FTP 使用的两个 TCP 连接图

三、简单文件传输协议 TFTP

虽然 FTP 是 TCP/IP 协议中最常用的文件传输协议，但它对编程而言也是最复杂、最困难的。许多应用既不需要 FTP 提供的全部功能，也不能应付 FTP 的复杂性。简单文件传送协议(TFTP，Trivial File Transfer Protocol)最初打算用于引导无盘系统(通常是工作站或 X 终端)，就是为在客户和服务器间不需要复杂交互的应用程序而设计的。TFTP 只限于简单文件传输操作，不支持交互，且没有一个庞大的命令集。TFTP 没有列目录的功能，也不能对用户进行身份鉴别，不提供访问授权。

TFTP 的主要优点有两个。第一，TFTP 可用于 UDP 环境。例如，当需要将程序或文件同时下载到许多机器时就往往需要使用 TFTP。第二，TFTP 代码所占的内存较小。这对较小的计算机或某些特殊用途的设备来说是很重要的。这些设备不需要硬盘，只需要固化了 TFTP、UDP 和 IP 的小容量只读存储器即可使用。当接通电源后，设备执行只读存储器中的代码，在网络上广播一个 TFTP 请求，网络上的 TFTP 服务器就发送响应，其中包括可执行二进制程序。设备收到此文件后将其放入内存，然后开始运行程序。这种方式增加了灵活性，也减少了开销。

TFTP 的主要特点有：

(1) 每次传送的数据报文中有 512 字节的数据，但最后一次可不足 512 字节。

(2) 数据报文按序编号，从 1 开始。

(3) 支持 ASCII 码或二进制传送。

(4) 可对文件进行读或写。

(5) 使用很简单的首部。

本 章 小 结

本章介绍了 DNS、WEB、FTP、DHCP 的一些基本概念及工作原理，通过本章的讲解应掌握各服务器的安装配置方法。域名系统(DNS)是一个客户/服务器应用，它用唯一的名称标识因特网中的主机；万维网(WWW)是信息宝库，超文本和超媒体文档通过指针互相连接；超文本传输协议(HTTP)是万维网上用于访问数据的主要协议；DHCP 是动态主机配置协议，它能集中管理和分配 IP 地址，并且对用户的 TCP/IP 协议进行配置；文件传输协议 (FTP)是一个 TCP/IP 客户/服务器应用，它用于从一个节点向另一个节点拷贝文件。

练 习 题

一、填空题

1. 应用层的许多协议都是基于_____方式。

2. 用户要想在网上查询 WWW 信息，必须安装并运行一个被称为_____的软件。

3. 本地域名服务器可以采用_____查询和_____查询两种方式。

4. 连接到因特网的计算机的协议软件需要配置的项目包括：____、____ 、____ 、____ 。

5. HTTP 是一种_____。

二、选择题

1. DNS 的功能是(　　)。

A. 根据 IP 地址找到 MAC 地址　　　　　　B. 根据 MAC 地址找到 IP 地址

C. 根据域名找到 IP 地址　　　　　　　　D. 根据主机名找到传输地址

2. WWW 上的每个网页都有一个独立的地址，这些地址为(　　)。

A. 域名　　　B. IP 地址　　　　C. URL　　　D. MAC 地址

3. FTP 客户和服务器间传递 FTP 命令时，使用的连接是(　　)。

A. 建立在 TCP 之上的控制连接　　　　　B. 建立在 TCP 之上的数据传送连接

C. 建立在 UDP 之上的控制连接　　　　　D. 建立在 UDP 之上的数据传送连接

4. 关于 WWW 服务，下列哪种说法是错误的？(　　)。

A. WWW 服务采用的主要传输协议是 HTTP

B. 一服务以超文本方式组织网络多媒体信息

C. 用户访问 Web 服务器可以使用统一的图形用户界面

D. 用户访问 Web 服务器不需要知道服务器的 URL 地址

5. 如果本地 DNS 服务器无缓存，当采用递归方法解析另一网络某台主机域名时，用户主机和本地域名服务器发送的域名请求消息数分别为(　　)。

A. 1条，1条　　　B. 1条，多条　　　　C. 多条，1条　　　　D. 多条，多条

三、简答题

1. 在 TCP/IP 体系结构中，应用层的主要协议有哪些？

2. 万维网协议如何实现超文本和超媒体文档间的链接？

第9章　网络安全与网络管理

9.1　网络安全概述

一、网络安全的重要性

随着计算机网络技术的发展与广泛应用，计算机网络对经济、文化、教育、科学等各个领域产生了重要的影响，同时也不可避免地带来了一些新的社会、道德与法律等问题。Internet技术的发展促进了电子商务技术的成熟，大量的商业信息与资金通过计算机网络在世界各地流通，这对世界经济发展产生了重要的影响。政府上网工程的实施使各级政府、部门之间利用网络进行信息交互。远程教育使得数以千万计的学生可以在不同的地方，通过网络进行课堂学习、查阅资料与提交作业。网络正在改变着人们的工作、生活与思维方式，对提高人们的生活质量有着重要的作用。因此，发展网络技术已成为国民经济现代化建设的重要任务。

计算机网络对社会发展有着正面作用，但同时也必须注意到它带来的负面影响。用户可以通过计算机网络快速地获取、传输与处理各种信息，所接触的信息范围覆盖面十分全面，涉及政治、经济、教育、科学与文化等领域。但是，计算机网络在给广大用户带来方便的同时，也必然会给个别不法分子带来可乘之机，通过网络非法获取重要的经济、政治、军事、科技情报，或是进行信息欺诈、破坏与网络攻击等犯罪活动。另外，也会出现涉及个人隐私的法律与道德问题，如利用网络发表不负责任或损害他人利益的信息等。

计算机犯罪正在引起整个社会的广泛关注，而计算机网络则是犯罪分子攻击的重点。计算机犯罪是一种高技术型犯罪，对网络安全构成了很大的威胁，且具有隐蔽性。有关统计资料表明，计算机犯罪案件以每年超过100%的速度增长，网站被攻击的事件以每年10倍的速度增长。从1986年发现首例计算机病毒以来，30多年间病毒数量以几何级数增长。由于网络安全具有很强的隐蔽性，一个技术漏洞，安全风险可能隐藏几年都发现不了，结果是谁进来了不知道，是敌是友不知道，干了什么不知道，长期"潜伏"在里面，一旦有事就发作了。

黑客(Hacker)的大量出现是网络社会不容轻视的现象。黑客一度被认为是计算机狂热者的代名词，他们一般是对计算机有着狂热爱好的学生。后来，人们对黑客有了进一步的认识，黑客中的大部分不伤害别人，但是也会做一些不应该做的事情，还有部分黑客不顾法律道德的约束，由于寻求刺激、被非法组织收买或对某个企业、组织存在报复心理，而肆意攻击与破坏一些企业、组织的计算机网络，这部分黑客对网络安全有很大的危害。因此研究黑客行为与防止受攻击是网络安全研究的一个重要内容。

　　Internet 的广泛应用开始影响企业内部网的开发模式，用户希望在任何地方都可以方便地访问企业内部网中的任何计算机。在个人计算机中漫游 Internet 世界给普通用户带来无穷的乐趣，但是将信息系统连入 Internet 对企业而言却是一场噩梦。由于大多数企业都有一些重要的资料，如市场策略、客户名单、财务资料、产品研发计划等，泄露这些信息对企业来说是致命的危险。如果某个企业内部网中的计算机遭到攻击，轻者会造成信息丢失或错误，重者会造成信息系统瘫痪，将会给企业造成严重的经济损失。

　　电子商务的兴起对网站的安全性要求越来越高。2001 年初，美国的 Yahoo、Amazon、eBay、CNN 等重要网站接连遭到黑客攻击，这些网站被迫中断服务达数小时，据估算，造成的损失高达 12 亿美元。网站被袭事件使人们对网络安全的信心受到重创。以瘫痪网络为目标的袭击破坏性大，造成危害的速度快，影响范围广，而且更难于防范与追查。袭击者本身所冒的风险却非常小，甚至在袭击开始前就消失得无影无踪，使被袭击者没有实施追踪的可能。目前，个人、企业或政府的计算机网络都受到黑客威胁，大至国家机密、商业秘密，小到个人隐私，都随时可能被黑客发现、利用与泄露。

　　计算机网络安全是一个系统的概念，它包括技术、管理与法制环境等多方面因素。只有不断健全有关网络与信息安全的法律、法规，提高网络管理人员的素质、法律意识与技术水平，提高用户自觉遵守网络使用规则的自觉性，提高网络与信息系统安全防护的技术水平，才可能不断改善网络与信息系统的安全状况。人类社会靠道德与法律来维系，同样，要保证计算机网络的安全，必须加强网络使用方法、网络安全与道德的教育。研究与开发各种网络安全技术与产品，同样要重视"网络社会"中的"道德"与"法律"，这对于人类来说是个新的研究课题。

　　目前，网络安全问题已成为信息化社会的焦点问题。每个国家必须立足于本国的网络安全状况，研究自己的网络安全技术，培养自己的网络安全人才，发展自己的网络安全产业，才能构筑本国的网络与信息安全防范体系。因此，我国的网络与信息安全技术的自主研究与产业发展，是关系到国计民生与国家安全的关键问题。同时，研究网络安全技术与学习网络安全知识，也是计算机网络学习的一项重要内容。

二、网络安全的定义

　　从本质上来讲，网络安全就是网络上的信息安全。它是指网络系统的硬件、软件及其系统中的数据受到保护，不受偶然的或者恶意的原因遭到破坏、更改、泄露，系统能连续、可靠、正常地运行，网络服务不中断。

三、网络安全的标准

1. 主要的网络安全标准

　　保证网络安全只依靠技术来解决是远远不够的，还必须依靠政府、立法机构制定完善的法律法规来约束。目前，我国与世界各国都很重视计算机、网络与信息安全方面的立法问题。从 1987 年开始，我国政府就相继制定与颁布了一系列行政法规，它们主要包括：《计算机信息系统保密管理暂行规定》(1998 年 2 月)、全国人民代表大会常务委员会通过的《关于维护互联网安全决定》(2000 年 12 月)、《计算机软件著作权登记办法》(2002 年)、《电子计算机系统安全规范》(2006 年 12 月)、《信息安全等级保护管理办法》(2007 年 7 月)等、《中华人民共和国计算机信息与系统安全保护条例》(2011 年 1 月)、《计算机软件保护条例》(2013 年 1 月)、《互联网信息服务管理办法》(2021 年 2 月)等。

国外关于网络与信息安全技术及法规的研究起步较早，比较重要的组织有美国国家标准与技术协会(NIST)、美国国家安全局(NSA)、美国国防部(ARPA)，以及很多国家与国际性组织(如 IEEE-CS 安全与政策工作组、故障处理与安全论坛等)。它们的工作重点各有侧重，总体集中在计算机、网络与信息系统的安全政策、标准、安全工具、防火墙、网络防攻击技术，以及计算机与网络紧急情况处理、援助等方面。用于评估计算机、网络与信息系统安全性的标准已有多个，最先颁布并比较有影响力的是美国国防部的黄皮书(可信计算机系统 TC-SEC-NCSC 评估准则)。欧洲信息安全评估标准(ITSEC)最初是用来协调法国、德国、英国、荷兰等国的指导标准，目前已被欧洲各国所接受。

2. 安全级别的分类

1983 年诞生了可信计算机系统评估准则 TC-SEC-NCSC，1985 年诞生了可信网络说明(TNI)。TC-SEC-NCSC 准则将计算机系统安全等级分为 4 类 7 个等级，即 D、C1、C2、B1、B2、B3 与 A1。其中，D 级系统的安全要求最低，A1 级系统的安全要求最高。

1) D 类系统

D 类系统的安全要求最低，只有一个级别，属于非安全保护类，不能用于多用户环境下的重要信息处理。

2) C 类系统

C 类系统是用户能定义访问控制要求的自主型保护类，它可以分为两个级别：C1 级与 C2 级。其中，C1 级系统具有一定的自主型访问控制机制，它只要求用户与数据应该分离。大部分 UNIX 系统可以满足 C1 级系统的要求。C2 级系统要求用户自定义访问控制，通过注册认证、用户启动系统和打开文件的权限检查等操作，防止非法用户与越权访问信息资源的风险。UNIX 系统通常能满足 C2 标准的大部分要求，有些厂商的最新版本可以全部满足 C2 级系统的要求。

3) B 类系统

B 类系统属于强制型安全保护类，用户不能分配权限，只有网络管理员可以为用户分配访问权限。B 类系统分为三个级别：B1 级、B2 级与 B3 级。如果将信息保密等级定为非保密级、保密级、秘密级与机密级四级，B1 级系统要求能达到"秘密"级。B1 级系统要求能满足强制型保护类，它要求系统的安全模型符合标准，对保密数据打印需要经过认定，系统管理员的权限要很明确。一些满足 C2 级的 UNIX 系统，可能只满足某些 B1 级标准的要求。也有一些软件公司的 UNIX 系统可以达到 B1 级系统的要求。

B2 级系统对安全性的要求更高，它属于结构保护(Structure protection)级。B2 级系统除了满足 C1 级系统的要求外，还需要满足以下几个要求：系统管理员对所有与信息系统直接或间接连接的计算机外设分配访问权限；用户、信息系统的通信线路与设备都要可靠，并能防御外界的电磁干扰；系统管理员与操作员的职能与权限明确。除了个别操作系统外，大部分商用操作系统不能达到 B2 级系统的要求。

B3 级系统又称为安全域(Security Domain)级系统，它要求系统通过硬件方法去保护某个域的安全，如通过内存管理硬件去限制非授权用户对文件系统的访问。B3 级要求系统在出现故障后能够自动恢复到原状态。如果现在的操作系统不重新进行系统结构的设计，很难通过 B3 级系统安全要求的测试。

4) A 类系统

A1 级系统要求提供的安全服务功能与 B3 级系统基本一致。A1 级系统在安全审计、安全测试、配置管理等方面提出更高的要求。A1 级系统在系统安全模型设计和软硬件实现上都要通过认证，要求达到更高的安全可信度。

9.2　网络安全研究的课题

一、威胁网络安全的主要因素

计算机网络是为了将单独的计算机互连起来，提供一个可以将资源或信息共享的通信环境。网络安全技术就是通过解决网络安全存在的问题，保护信息在网络环境中存储、处理与传输的安全。在研究网络安全技术问题之前，首先要研究威胁网络安全的主要因素，其大致可以归纳为以下六个课题：

1. 网络防攻击

网络安全技术研究的第一个课题是网络防攻击技术。为了保证运行在网络环境中的信息系统的安全，首先要保证网络自身能够正常工作。因此，首先要解决的问题是如何防止网络被攻击；其次研究如何预先采取攻击防范措施，使网络被攻击后仍然能保持正常工作状态。如果网络被攻击就出现瘫痪或其他严重问题，则这个网络中的信息的安全也无从说起。

Internet 中的网络攻击可以分为两种类型：服务攻击与非服务攻击。服务攻击是指对网络中提供某种服务的服务器发起攻击，造成该网络的拒绝服务与网络工作不正常。例如，攻击者可能针对一个网站的 WWW 服务发起攻击，他会设法使该网站的 WWW 服务器瘫痪或修改主页，使得该网站的 WWW 服务失效或不能正常工作。非服务攻击是指对网络通信设备(如路由器、交换机等)发起攻击，使得网络通信设备的工作严重阻塞或瘫痪，这样就会造成小到一个局域网，大到一个或几个子网不能正常工作。

网络安全研究人员都懂得，知道自己被攻击就赢了一半。网络安全防护的关键是如何检测到网络被攻击以及检测到网络被攻击后采取怎样的处理办法，将网络被攻击产生的损失控制到最小。因此，研究网络可能遭到哪些人的攻击，攻击类型与手段可能有哪些，如何及时检测并报告网络被攻击，以及制定相应的网络安全策略与防护体系，这些问题既是网络安全技术研究的重要内容，也是当前网络安全技术研究的热点问题。

2. 网络安全漏洞与对策

网络安全技术研究的第二个课题是网络安全漏洞与对策。计算机网络系统的运行一定会涉及到计算机硬件与操作系统、网络硬件与软件、数据库管理系统、应用软件，以及网络通信协议等。各种计算机硬件与操作系统、应用软件都会存在一定的安全问题，它们不可能是百分之百无缺陷或无漏洞的。UNIX 是 Internet 中应用最广泛的网络操作系统，但是在不同版本的 UNIX 操作系统中，或多或少都会找到能被攻击者利用的漏洞。TCP/IP 协议是 Internet 使用的基本通信协议，该协议中也会找到能被攻击者利用的漏洞。用户开发的各种应用软件可能会出现更多能被攻击者利用的漏洞。

这些问题的存在不足为奇，虽然很多软件和硬件中的问题，在研制与产品测试中大部分会被发现并解决，但是总会遗漏掉一些问题。这些问题只能在使用过程中被发现，这也是非常自然的事情。需要警惕的是，时常有网络攻击者在寻找这些安全漏洞，并将这些漏洞作为攻击网络的目标。这就要求网络安全研究人员与网络管理人员也必须主动地了解计算机硬件与操作系统、网络硬件与软件、数据库管理系统、应用软件以及网络通信协议可能存在的安全问题，利用各种软件与测试工具检测网络可能存在的各种安全漏洞，并及时提出解决方案与对策。

3. 网络中信息的安全保密

网络安全技术研究的第三个课题是如何保证网络系统中的信息安全。网络中的信息安全保密主要包括两个方面：信息存储安全与信息传输安全。

信息存储安全是指保证存储在联网计算机中的信息不被未授权的网络用户非法访问。非法用户可以通过猜测或窃取用户口令的办法，或是设法绕过网络安全认证系统冒充合法用户，来查看、修改、下载或删除未授权访问的信息。信息存储安全一般由网络操作系统、数据库管理系统、应用软件与防火墙共同完成，通常有用户口令、用户访问权限、身份认证、数据加密与结点地址过滤等方法。

信息传输安全是指保证信息在网络传输过程中不被泄露或攻击。信息在网络传输中被攻击的形式可以分为四种类型：截获、窃听、篡改与伪造信息。图 9.1 给出了信息在网络传输中被攻击的类型。其中，截获信息是指信息从源结点发出后被攻击者非法截获，目的结点没有接收到该信息的情况；窃听信息是指信息从源结点发出后被攻击者非法窃听，目的结点接收到该信息的情况；篡改信息是指信息从源结点发出后被攻击者非法截获，并将经过修改的信息发送给目的节点的情况；伪造信息是指源结点并没有信息发送给目的节点，攻击者冒充源结点将信息发送给目的结点的情况。

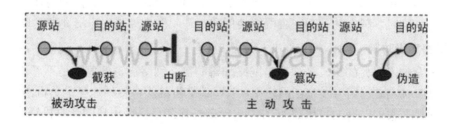

图 9.1　信息在网络传输中被攻击的类型

网络信息安全的主要技术是数据加密与解密算法。数据加密与解密算法是密码学研究的主要问题。密码学将源信息称为明文，对于需要保护的重要信息，可以将明文通过某种算法转换成无法识别的密文。将明文转换成密文的过程称为加密，将密文经过逆转换恢复成明文的过程称为解密。图9.2为数据加密与解密的过程示意图。密码学是介于通信技术、计算机技术与应用数学之间的交叉学科。传统的密码学有很悠久的历史，自1976年公开密钥密码体系诞生以来，密码学得到了快速的发展，并在网络中获得了广泛的应用。目前，人们通过加密与解密算法、身份认证、数字签名等方法来解决信息在存储与传输中的安全问题。

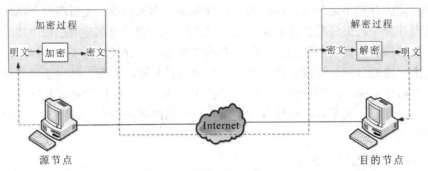

图9.2　数据加密与解密过程

4. 网络内部的安全防范

网络安全技术研究的第四个课题是如何从网络系统内部保证信息的安全。除了上述可能对网络安全构成威胁的因素之外，还有一些威胁来自网络内部，主要表现在以下两个方面：

(1) 如何防止源结点用户发送信息后不承认，或是目的结点接收信息后不承认，即出现抵赖问题。"防抵赖"是网络信息传输安全保障的重要内容之一，如何防抵赖也是电子商务应用必须解决的重要问题。网络安全技术需要通过身份认证、数字签名、第三方认证等方法，来确保信息传输的合法性和防止出现抵赖现象。

(2) 如何防止合法用户有意或无意做出对网络、信息安全有害的行为，这些行为主要包括：有意或无意泄露网络管理员或用户口令；违反网络安全规定，绕过防火墙私自与外部网络连接，造成系统安全漏洞；超越权限查看、修改与删除系统文件、应用程序与数据；超越权限修改网络系统配置，造成网络工作不正常；私自将带有病毒的存储介质等拿到内部网络中使用等，这类问题经常出现并且危害性极大。

因此，解决网络内部的不安全因素必须从技术与管理两方面入手，通过网络管理软件随时监控网络与用户的工作状态，对重要资源(如主机、数据库、磁盘等)的使用状态进行记录与审计。同时，制定并不断完善网络使用和管理制度，加强用户培训和管理。

5. 网络病毒防御

网络安全技术研究的第五个课题是网络病毒防御。网络病毒的危害是不可忽视的。据统计，目前70%左右的病毒发生在网络中，联网计算机的病毒传播速度是单机的20倍，网络服务器杀毒花费的时间是单机的40倍。电子邮件炸弹可以使用户的计算机瘫痪，有些网络病毒甚至会破坏计算机的系统硬件。有些网络设计人员在目录结构、用户组织、数据安全性、备份与恢复方法以及系统容错技术上都采取了严格的措施，但是没有重视网络病毒的防御问题。也许有一天，某个用户从家里带来一个已染上病毒的U盘，没有遵守网络使用制度在办公室的计算机中打开U盘，网络很可能会在这以后的某个时刻因感染病毒而瘫痪。因此，网络病毒的防御需要从防病毒技术与用户管理两方面着手。

6. 网络数据备份与恢复

网络安全技术研究的第六个课题是数据备份与恢复。在实际的网络运行环境中，数据备份与恢复功能是非常重要的。网络安全可以从预防、检查、反应等方面着手，以减少网络信息系统的不安全因素，但要完全保证不出现网络安全问题是不可能的。如果出现网络故障造成数据丢失，数据能不能恢复则成为很重要的问题。

网络系统的硬件与软件都可以用钱买来，而数据是多年积累的结果，并可能价值连城，因此它可以说是一个企业的生命。如果数据丢失并且不能恢复，就可能会给企业与客户造成不可挽回的损失。国外已出现过企业网络系统遭到破坏时，由于网络管理员没有保存足够的备份数据而无法恢复，造成无可挽回的损失并导致企业破产的例子。因此，一个实用的网络信息系统设计中必须考虑数据备份与恢复手段，这也是网络安全研究的一个重要内容。

二、网络安全服务的主要内容

网络安全包括三个方面内容：安全攻击(Security Attack)、安全机制(Security Mechanism)与安全服务(Security Service)。其中，安全攻击是指有损于网络信息安全的操作；安全机制是指用于检测、预防或从安全攻击中恢复的机制；安全服务是指提高网络系统中的信息传输安全性的服务。网络安全服务应提供以下几种基本功能。

1. 保密性服务

保密性(Confidentiality)服务是指对网络中的信息进行加密，防止信息在传输过程中被攻击。根据系统所传输信息的安全要求的不同，用户可以选择采用不同的保密级别。最典型的方法是保护两个用户在一段时间内传输的所有信息，防止信息在传输过程中被截获与分析，造成信息泄露。

2. 认证服务

认证(Authentication)服务是指对网络中信息的源结点与目的结点的身份进行确认，防止出现假冒或伪装成合法用户的现象。网络中的两个用户开始通信时，首先要确认对方是合法用户，还要保证不会有第三方在通信过程中干扰与攻击信息交换的过程，以保证网络中信息传输的安全性。

3. 数据完整性服务

数据完整性(Data Integrity)服务是指保证目的结点接收的信息与源结点发送的信息一致，防止信息在传输过程中被复制、修改等情况出现。数据完整性服务可以分为两类：有恢复服务与无恢复服务。数据完整性服务与信息受到主动攻击相关，因此数据完整性服务更注重对信息一致性的检测。如果安全系统检测到数据完整性遭到破坏，可以只报告攻击事件发生，也可以通过软件或人工干预的方式进行恢复。

4. 防抵赖服务

防抵赖(Non-repudiation)服务是指保证源结点与目的结点不能否认自己收或发过的信息。如果出现源结点对发送信息的过程予以否认，或目的结点对已接收的信息予以否认的情况，防抵赖服务可以提供记录说明否认方的问题。防抵赖服务对电子商务活动是非常有用的一项网络安全服务。

5. 访问控制服务

访问控制(Access Control)服务是指控制与限定网络用户对主机、应用与服务的访问。如果攻击者要攻击某个网络，首先要欺骗或绕过网络访问控制机制。常用的访问控制服务是通过身份认证与访问权限来确定用户身份的合法性和对主机、应用或服务类型的合法性。更高安全级别的访问控制服务可以通过一次性口令、智能卡，以及个人特殊性标志(如指纹、视网膜、声音)等方法提高身份认证的可靠性。

9.3 防火墙技术

目前，保护网络安全的最主要手段是构建防火墙，防火墙是企业内部网与 Internet 之间的屏障，可以保护企业内部网不受来自外部用户的入侵，也可以控制企业内部网与 Internet 之间的数据流量。

一、防火墙的基本概念

1. 防火墙的定义和功能

防火墙的概念源于欧洲中世纪的城堡防卫系统。为了保护城堡的安全，封建领主在城堡周围挖一条护城河，每个进入城堡的人都要经过吊桥，并且要接受城门守卫的检查。研究人员借鉴这种防护思想，设计了一种网络安全防护系统，即防火墙(Firewall)。防火墙是在网络之间执行控制策略的安全系统，它通常包括硬件与软件两个组成部分。

在设计防火墙时有一个假设：防火墙保护的内部网络是可信赖的网络，而外部网络是不可信赖的网络。图 9.3 给出了防火墙的基本结构示意图，设置防火墙是为了保护内部网络不被外部用户非法访问，因此防火墙的位置一定在内部网络与外部网络之间。防火墙的主要功能包括：检查所有从外部网络进入内部网络的数据分组；检查所有从内部网络传输到外部网络的分组；限制所有不符合安全策略要求的分组通过；具有防攻击能力，保证自身的安全性。

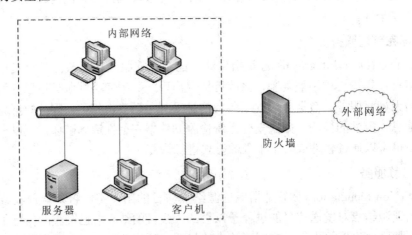

图 9.3　网络防火墙的基本结构

网络本质的活动是分布式进程通信，进程通信在计算机之间通过分组交换的方式实现。

从网络安全的角度来看，对网络系统与资源的非法访问需要有"合法"的用户身份，这通过伪造成正常的网络服务数据包的方式达成。如果没有防火墙隔离内部网络与外部网络，内部网络中的结点就会直接暴露给外部的网络主机，这样就很容易遭到外部非法用户的攻击。防火墙通过检查进出内部网络的所有数据分组的合法性，判断分组是否会对网络构成威胁，从而为内部网络建立安全边界。

随着网络安全与防火墙技术的不断发展，入侵检测技术已逐步被应用在防火墙产品中，这种防火墙可以对各层的数据进行主动、实时的检测，在分析检测数据的基础上有效地识别出各层中的非法入侵。有些防火墙还带有分布式探测器，可以位于各种应用服务器或网络结点中，不仅能够检测来自网络外部的攻击，对来自网络内部的攻击也能有效防范。目前，主要的防火墙产品有 Checkpoint 公司的 Firewall-1、Juniper 公司的 NetScreen、Cisco 公司的 PIX、NAI 公司的 Gauntlet 等。

2. 防火墙的优缺点

1) 防火墙的优点

(1) 保护脆弱的网络服务；

(2) 控制对系统的访问；

(3) 集中的安全管理；

(4) 增强系统数据的保密性；

(5) 记录和统计网络利用数据以及非法数据；

(6) 策略执行。

2) 防火墙的缺点

(1) 无法阻止绕过防火墙的攻击；

(2) 无法阻止来自内部的威胁；

(3) 无法防止病毒感染程序或文件的传输。

二、防火墙的分类

防火墙可以分为两种基本类型：分组过滤路由器(Packet Filtering Route)与应用级网关(Application Gateway)。最简单的防火墙可以仅由分组过滤路由器组成，而复杂的防火墙系统是由分组过滤路由器与应用级网关共同构成的。由于分组过滤路由器与应用级网关的组合方式有多种，因此防火墙系统的结构也有多种形式。

1. 分组过滤路由器

分组过滤路由器是基于路由器技术的防火墙。路由器根据内部设置的分组过滤规则(即路由表)，检查每个进入路由器的分组的源地址、目的地址，以便决定该分组是否应该转发及如何转发。普通路由器只对分组的网络层头部进行处理，并不会对分组的传输层头部进行处理。分组过滤路由器需要检查传输层头部的端口号字段。通常，分组过滤路由器是被保护的内部网络与外部网络之间的第一道防线，也被称为屏蔽路由器。

实现分组过滤的关键是制定分组过滤规则。分组过滤路由器需要分析接收到的每个分组，按照每条分组过滤的规则加以判断，将符合包转发规则的分组转发出去，将不符合包转发规则的分组丢弃。通常，分组过滤规则基于头部的全部或部分内容，如源地址、目的地址、协议类型、源端口号、目的端口号等。图 9.4 给出了分组过滤路由器的工作原理示意图。分组过滤是实现防火墙功能的基本方法。

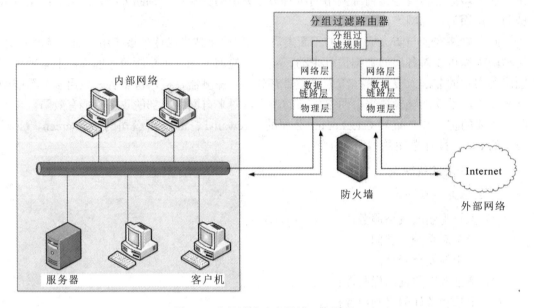

图 9.4　分组过滤路由器的工作原理

　　分组过滤方法的主要优点是：结构简单，便于管理，造价低廉。由于分组过滤在网络层与传输层操作，因此这种操作对应用层是透明的，不要求客户与服务器程序做任何修改。分组过滤方法的缺点是：配置分组过滤规则比较困难；分组过滤只能工作在假定内部主机可靠的判断上，它只能控制到主机级而不能达到用户级；分组过滤对某些服务(如 FTP)的效果不明显。与其他防火墙技术相比，欺骗分组过滤路由器比较容易。

　　2. 应用级网关

　　分组过滤路由器在网络层与传输层监控进出网络的分组。用户对网络资源与服务的访问发生在应用层，因此应在应用层进行用户身份认证与访问控制，这个功能需要由应用级网关来完成。在讨论应用级网关时，首先需要讨论的是多归属主机。

　　1) 多归属主机

　　多归属主机又称多宿主主机，它是具有多个网络接口的主机，每个网络接口与一个网络连接。由于具有在不同网络之间交换数据的能力，因此多归属主机也被称为网关(Gateway)。如果多归属主机用于用户身份认证与服务请求合法性检查，则这类具有防火墙作用的多归属主机称为应用级网关(Application Gateway)。

　　如果多归属主机只是连接两个网络，则可以将它称为双归属主机。双归属主机可以用于网络安全与网络服务的代理，只要能确定应用程序的访问控制规则，就可以采用双归属主机作为应用级网关，在应用层过滤进出网络的特定服务的用户请求。如果应用级网关认为用户身份与服务请求或响应合法，就会将服务请求与响应转发到相应的服务器；否则它将拒绝用户的服务请求并丢弃分组，然后向网络管理员发出相应的报警信息。

图 9.5 给出了应用级网关的工作原理示意图。例如，内部网络中的 FTP 服务器只能被内部用户访问，则所有外部用户对 FTP 服务的访问都被认为是非法的。应用级网关的应用程序访问控制软件接收到外部用户对 FTP 服务的访问请求时，会认为该访问请求非法并将相应的分组丢弃。同样，如果确定内部用户只能访问外部网络中某些特定的 WWW 服务器，则凡是不在允许范围内的访问请求将一律被拒绝。

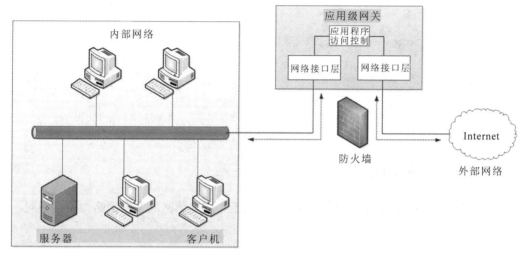

图 9.5　应用级网关的工作原理

2) 应用级代理

应用级代理(Application Proxy)是应用级网关的另一种形式。应用级网关以存储转发方式检查服务请求的用户身份是否合法，决定是转发还是丢弃该服务请求，因此应用级网关是在应用层转发合法的服务请求。应用级代理与应用级网关的不同点是：应用级代理完全接管用户与服务器之间的访问，隔离用户主机与被访问服务器之间的分组交换通道。在实际应用中，应用级代理由代理服务器(Proxy Server)实现。

图 9.6 给出了应用级代理的工作原理示意图。当外部用户希望访问内部网络中的 WWW 服务器时，代理服务器会截获用户发出的服务请求。如果经过检查确定该用户的身份合法，代理服务器将代替用户与 WWW 服务器建立连接，完成用户需要的操作并将结果返回给用户。对于外部网络中的用户来说，它就像"直接"访问内部网络中的 WWW 服务器，但是实际访问 WWW 服务器的是代理服务器。代理服务器可以提供双向访问服务，既可以作为外部用户访问内部服务器的代理，又可以作为内部用户访问外部服务器的代理。

应用级网关与应用级代理的优点是：可以针对某种特定的网络服务来设置，并在应用层协议的基础上转发服务请求与响应。它们一般都具有日志记录功能，日志可以记录网络中所发生的事情，管理员可以根据日志监控可疑的行为并做出处理；只需在一台主机中安装相应的软件，易于建立和维护，但是如果要在主机中支持不同的网络服务，则需要安装不同的代理服务器软件。

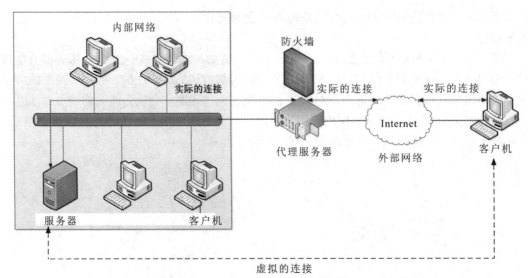

图 9.6　应用级代理的工作原理

三、典型防火墙系统的结构

防火墙系统是由软件和硬件组成的系统，由于不同内部网的安全策略与要求不同，防火墙系统的配置与实现方法有很大的区别。

1. 屏蔽路由器

屏蔽路由器是防火墙系统中最基本的一种，它通常是带有分组过滤功能的路由器。屏蔽路由器被设置在内部网络和外部网络之间，所有外部分组经过路由器的过滤后才被转发到内部子网，屏蔽路由器对内部网络的入口点实行监控，因此它为内部网络提供了一定程度的安全性。内部网络通常都要使用路由器与外部相连，屏蔽路由器既能为内部网络提供一定的安全性，同时又没有过度地增加费用。但是，屏蔽路由器不能像应用网关那样对数据进行分析，而这正是入侵者经常可以利用的地方。

2. 堡垒主机结构

堡垒主机也是防火墙系统中最基本的一种，它通常是有两个网络接口的双归属主机，每个网络接口与它对应的网络进行通信，因此双归属主机也具有路由器的作用。应用层网关或代理通常安装在双归属主机中，它处理的分组是对特定服务的请求或响应，会将通过检查的请求或响应转发到相应的主机。双归属主机的优点是针对于特定的服务，并能在协议基础上分析由它转发的分组。但是，不同双归属主机支持的服务可能会不同，因此配置不同应用层代理所需的软件也不同。

3. 屏蔽主机网关结构

屏蔽主机网关由屏蔽路由器与堡垒主机组成，屏蔽路由器被设置在堡垒主机与外部网络之间，其结构如图 9.7 所示。这种防火墙的第一个安全设施是屏蔽路由器，所有外部分组经过路由器过滤后才被转发到堡垒主机，接着堡垒主机中的应用级代理对分组进行分析，并将通过检查的分组转发给内部网络的主机。屏蔽主机网关既具有堡垒主机结构的优点，同时消除了其允许直接访问的弊端。但是，屏蔽路由器要配置成将分组转发到堡垒主机，这就要求屏蔽路由器的路由表要很安全。

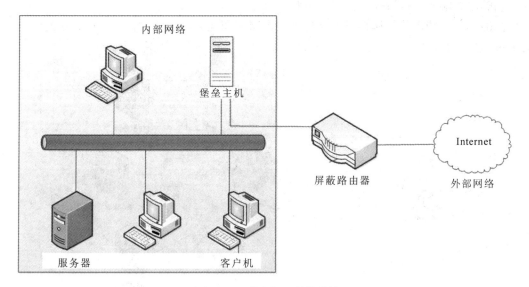

图 9.7　屏蔽主机网关的结构

9.4　计算机病毒

计算机病毒是网络管理员与用户都很关心的问题，网络防病毒技术是网络应用系统必须解决的重点问题。

一、计算机病毒的概念

计算机病毒(Computer Virus)是指会破坏计算机功能或毁坏数据，并能自我复制、影响计算机使用的应用程序，计算机病毒与生物病毒同样具有传染与破坏作用。计算机病毒是人为编写的具有一定长度的程序，它能适应所在系统或网络环境。计算机病毒最早出现在欧美国家，1982 年，世界首例计算机病毒被发现；1987 年，计算机病毒开始被重视；1989 年，我国首例计算机病毒被发现。

随着计算机网络的飞速发展与普及，出现了传播范围更广、危害更大的新型病毒，这就是在网络环境下流行的网络病毒。网络病毒是利用网络漏洞设计与传播的。例如，随着电子邮件的广泛应用，出现了附着在邮件附件中的病毒，以及大家所熟悉的 CIH 病毒等。从前的计算机病毒是以磁盘方式传播，计算机网络的出现改变了病毒的传播方式，Internet 成为网络病毒传播的主要途径，图 9.8 给出了网络病毒的传染途径示意图。至今，全世界发现的计算机病毒已超过 30 万种，并且这个数字仍在高速增长中。

网络病毒的危害性比单机病毒更大，下面列举几个典型的例子说明。

1988 年，大规模流行的蠕虫病毒造成 6000 台主机瘫痪，直接经济损失达 9600 万美元。

1999 年，CH-1.2 病毒破坏了大量计算机硬盘和 BIOS 芯片，直接经济损失达 12 亿美元。

2000 年，"拒绝服务"与"恋爱邮件"等蠕虫病毒袭击规模更大，致使雅虎、亚马逊等网站的服务瘫痪，直接经济损失达 100 亿美元。

2002 年，"冲击波"病毒迅速蔓延到很多国家和地区，造成大量计算机瘫痪与网络连接速度减慢，直接经济损失达 20 亿美元。

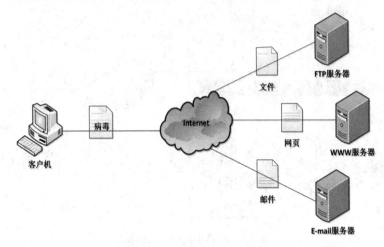

图 9.8　网络病毒的传染途径

二、计算机病毒的分类

计算机病毒主要分为三种类型：宏病毒、引导型病毒与蠕虫病毒。

(1) 宏病毒。宏病毒是由宏构成的寄生型病毒，能够感染 Word 系统中的文档与模板。宏病毒使用一种特殊的算法，从源文件中向宿主文件传送病毒代码，删除自身的相关文件以隐藏踪迹，并将感染所有访问过它的 Word 系统。宏病毒能够变异或遭到破坏，变异的宏病毒是具有不同特征的新病毒。

(2) 引导型病毒。引导型病毒能感染硬盘引导程序。所有硬盘与软盘都有一个引导扇区，里面保存与磁盘格式和存储数据有关的信息，并装载操作系统文件的引导程序。如果系统已经感染了引导型病毒，当系统读取并执行磁盘中的引导程序时，病毒会感染这台计算机所使用的每个磁盘。

(3) 蠕虫病毒。蠕虫病毒是通过某种网络服务(如电子邮件)，将自身从一台计算机复制到其他计算机的程序。蠕虫病毒倾向于在网络中感染尽可能多的计算机，而不是在一台计算机中尽可能多地复制自身。典型的蠕虫病毒只需感染目标系统，然后通过网络自动向其他计算机传播，蠕虫病毒通过网络进行传播时，很少依赖或完全不依赖人的行为。

三、计算机病毒的特点

计算机病毒具有以下几个特点：

(1) 寄生性。计算机病毒寄生在其他程序中，当执行这个程序时，病毒就起破坏作用，而在未启动这程序之前，它是不易被人发觉的。

(2) 传染性。计算机病毒不但具有破坏性，而且具有传染性，一旦病毒被复制或产生变种，其扩散速度非常快。传染性是病毒的基本特征，计算机病毒可通过各种可能的渠道(如磁盘、计算机网络)去传染其他计算机。当在一台计算机上发现病毒时，往往是曾在这台计算机上用过的磁盘已感染上病毒，而与这台计算机连网的其他计算机也有可能被该病毒传染上。是否具有传染性是判断一个程序是否为计算机病毒的最重要条件。

(3) 潜伏性。大部分病毒感染系统以后一般不会马上发作，它可以长期隐藏，只有满足一定条件时才会启动。因此，病毒可以在磁盘、光盘或其他介质上静静地待上几天，甚至是几年。

(4) 隐蔽性。计算机病毒具有很强的隐蔽性，有的可以通过病毒软件检查出来，有的则检查不出来，有的时隐时现、变化无常，这类病毒处理起来通常很困难。

(5) 破坏性。病毒感染计算机后，可能会导致正常的程序无法运行，也可能把计算机中的文件删除或使文件受到不同程度的损坏。

(6) 可触发性。病毒因某个事件或数值的出现，诱使病毒实施感染或进行攻击的特性称为可触发性。

四、典型网络防病毒软件的应用

面对当前网络病毒传播日趋泛滥的情况，利用网络防病毒软件进行防护是必要的，很多软件商都提供成熟的网络防病毒软件。例如，Symantec 公司的 AntiVirus 软件、瑞星公司的杀毒软件、金山公司的金山毒霸软件、江民公司的 KV 杀毒软件、360 公司的 360 杀毒软件等。网络防病毒软件是专门针对网络病毒设计的，它具有单机防病毒软件无法胜任的网络防护功能，一个优秀的单机反病毒产品在单机环境下能防治成千上万种病毒，但在网络环境中可能无法控制病毒通过网络传播，因此不能仅用查杀病毒数量来衡量网络反病毒方案的效果。

目前，网络防病毒软件多数运行在文件服务器中，可以同时检查和清除服务器与工作站中的病毒。由于实际的局域网中可能有多个服务器，为了方便进行多个服务器的网络防病毒工作，通常将多个服务器组织在一个域中，网络管理员只需要在域中的主服务器设置扫描方式，就可以检查多个服务器或工作站中的病毒，图 9.9 举例了一款网络防病毒软件。网络防病毒软件的基本功能是对服务器或工作站的内存与磁盘进行扫描，发现病毒时采取报警、隔离或清除等操作，通常由网络管理员负责清除发现的病毒。

网络防病毒软件通常会提供三种扫描方式：实时扫描、预置扫描与人工扫描。其中，实时扫描要求连续不断地扫描文件服务器读/写的文件是否携带病毒；预置扫描可以预先选择扫描服务器的日期与时间，预置的扫描频度可以是每天、每周或每月一次，时间最好选择在网络工作不繁忙的时候；人工扫描可以在任何时候要求扫描指定的卷、目录与文件。当网络防病毒软件在服务器中发现有病毒时，会将病毒感染情况保存在扫描记录日志中，并采用隔离或清除的方法来处理感染不同病毒的文件。

图 9.9　一款网络防病毒软件

五、IT 史上的典型病毒

1) Elk Cloner(1982 年)

Elk Cloner 被看作攻击个人计算机的第一款全球病毒，也是令人头痛的所有安全问题的先驱者。它通过苹果 Apple Ⅱ 软盘进行传播。该病毒被放在一个游戏磁盘上，第 50 次使用，都不能运行游戏，而是会出现一个空白屏幕，上面显示一首短诗。

2) Brain(1986 年)

Brain 是第一款攻击 DOS 操作系统的病毒，它可以感染软盘，并且会填满软盘上的未用空间，从而导致软盘不能再被使用。

3) Morris(1988 年)

Morris 病毒程序利用了系统存在的弱点进行入侵。Morris 设计的最初目的并不是搞破坏，而是用来测量网络的大小。但是由于程序的循环没有处理好，计算机会不停地执行、复制 Morris，最终导致死机。

4) CIH(1998 年)

CIH 病毒是迄今为止破坏性最严重的病毒，也是世界上首例破坏硬件的病毒。它发作时不仅破坏硬盘的引导区和分区表，而且破坏计算机系统的 BIOS，导致主板损坏。

5) Melissa(1999 年)

Melissa 是最早通过电子邮件传播的病毒之一，当用户打开电子邮件的附件时，病毒会自动发送到用户通讯簿中的前 50 个地址的邮箱中，因此这个病毒可以在数小时之内传遍全球。

6) Love bug(2000 年)

Love bug 也通过电子邮件附件传播，它把自己伪装成一封求爱信来欺骗收件人打开。这个病毒的传播速度之快和范围之广令安全专家吃惊。在数小时之内，这个小小的计算机程序几乎感染了全世界范围内的计算机系统。

7) 冲击波(2003 年)

冲击波病毒的英文名称是 Blaster，还被称为 Lovsan 或 Lovesan，它利用微软软件中的一个缺陷对系统端口进行疯狂攻击，导致系统崩溃。病毒运行时会不停地利用 IP 扫描技术寻找网络上系统为 Windows 2000 或 Windows XP 的计算机，找到后就利用 DCOM RPC 缓冲区漏洞攻击该系统。一旦攻击成功，病毒体将被传送到对方计算机中进行感染，使系统操作异常，不停重启，甚至导致系统崩溃。另外，该病毒还会对微软的一个升级网站进行拒绝服务攻击，导致该网站堵塞，使用户无法通过该网站升级系统。

8) 震荡波(2004 年)

震荡波是又一个利用 Windows 缺陷的蠕虫病毒，可以导致计算机崩溃并不断重启。

9) 熊猫烧香(2006 年)

熊猫烧香是一个用 Delphi 工具编写的蠕虫，会终止大量的反病毒软件和防火墙软件进程。该病毒会删除扩展名为 .gho 的文件，使用户无法使用 Ghost 软件恢复操作系统。熊猫烧香感染系统的 .exe、.com、.pif、.src、.html、.asp 文件，添加病毒网址，导致用户一打开这些网页文件，IE 浏览器就会自动连接到指定的病毒网址中下载病毒，在硬盘各个分区下生成 autorun.inf 和 setup.exe 文件。它可以通过闪存盘和移动硬盘等方式进行传播，并且利用 Windows 系统的自动播放功能来运行，搜索硬盘中的 .exe 可执行文件并进行感染，被感染后的文件图标会变成"熊猫烧香"图案。熊猫烧香还可以通过共享文件夹、系统弱口令等多种方式进行传播。

10) ARP 欺骗病毒(2007 年)

ARP 地址欺骗类病毒是一类特殊的病毒，该病毒一般属于木马病毒，不具备主动传播的特性，不会自我复制。但是由于其发作时会向全网发送伪造的 ARP 数据包，干扰全网的运行，因此它的危害比一些蠕虫病毒还要严重得多。ARP 病毒发作时的表现有：网络掉线，但网络连接正常；内网的部分计算机不能上网，或者所有计算机不能上网；无法打开网页或打开网页慢；局域网时断时续并且网速较慢等。

11) 磁碟机病毒(2008 年)

磁碟机病毒会下载大量木马，疯狂盗窃网游账号、QQ 号、用户隐私数据，几乎无所不为。据监测，磁碟机病毒变种已达几百种。据江民反病毒中心的初步估算，该病毒感染了近百万台计算机，以每台计算机因染毒造成直接损失及误工费 100 元计算，磁碟机病毒造成的直接损失可能达到近亿元。

12) 木马下载器(2009 年)

计算机被木马下载器感染后会产生 1000～2000 个木马病毒，导致系统崩溃。

13) 鬼影病毒(2010 年)

鬼影病毒运行后，在进程和系统启动加载项中都找不到任何异常，即使格式化重装系统，也无法彻底清除该病毒，犹如"鬼影"一般"阴魂不散"，因此被称为"鬼影"病毒。鬼影病毒有上千变种，分别为鬼影病毒、魅影病毒、魔影病毒，它们都具有很强的隐蔽性和破坏性。

14) 宝马病毒(2011 年)

计算机中宝马病毒后，杀毒软件和安全类软件会被自动关闭。

9.5 网络文件的备份与恢复

如果由于网络故障而造成数据丢失，数据能否恢复是个很重要的问题。一个实用的网络系统设计中必须考虑数据备份与恢复问题，这是网络安全研究的一个重要内容。

一、网络文件备份的重要性

在实际的网络系统运行环境中，数据备份与恢复功能是非常重要的。网络系统的硬件与软件都可以用钱买来，但数据是多年积累的结果并且可能价值连城，因此它可以说是一个企业的生命。如果数据丢失并且不能恢复，就可能会给企业与客户造成不可挽回的损失。国外已出现过企业网络系统遭到破坏时，由于管理员没有保存足够的备份数据而无法恢复，造成无可挽回的损失并导致企业破产的先例。

网络数据可以进行归档与备份两种操作。归档与备份操作是有区别的：归档是指将数据在某种存储介质中进行永久性存储，归档的数据可能包括文件服务器不再需要的数据，但是这些数据由于某种原因需要保存若干年。备份是指将数据在某种存储介质中定期存储，备份的数据是文件服务器等需要使用的数据。网络数据备份是一项基本的网络维护工作，归档或备份的数据需要存储在安全的地方。

网络管理员除了需要防备网络被破坏，还常常会遇到以下情况：用户删除网络中某个目录下的所有文件，但是他发现这些文件仍然需要，并希望能够恢复已被删除的文件；用户无意用新的报告覆盖了上一份报告，后来希望能够恢复已被覆盖的报告；由于个别用户不熟悉系统的使用，无意中删除几个重要的系统文件，而造成网络系统无法正常工作等。要恢复丢失或被修改的文件，则需要网络管理员定期备份最近的文件副本。

二、网络文件备份的基本方法

网络文件备份是指将需要的文件复制到光盘、磁带或磁盘等存储介质中，并将它们保存在远离服务器的安全地方。要想完成日常的网络备份工作，首先需要解决以下三个问题。

1. 选择备份设备

选择备份设备需要根据网络文件系统的规模与文件的重要性来决定。目前，网络操作系统通常都支持光盘、活动硬盘、磁带等多种存储介质与相应的备份设备。由于光盘具有存储量大、易于保存与恢复的特点，因此它是一种理想的备份介质。磁带的造价与容量都比较适中，但是需要使用专门的磁带机来完成备份。在备份大、中型网络系统与重要数据时，一般选择光盘或活动硬盘作为备份的存储介质。

2. 选择备份程序

备份程序可以由网络操作系统或第三方开发的软件来提供。如果选择第三方开发的软件，应该注意以下问题：备份程序支持哪种网络操作系统，备份程序支持哪种备份设备；备份设备是安装在服务器还是工作站中；如果在网络中存在多台要备份的文件服务器，能否用一台备份设备完成多个服务器的备份工作。

3. 建立备份制度

在安装备份设备与备份程序后，还需要建立一整套完善的备份制度，包括规定多长时间做一次网络备份，以及是否每次都要备份所有文件。建立备份制度的第一件事情是选择需要备份的文件和备份的时间。例如，每月进行一次系统文件的备份，每周进行一次所有网络文件的备份，每天进行一次上次备份后修改过的文件的备份。

制订备份计划应考虑采用多少个备份版本，常见方法是网络管理员备有 3~4 盘磁带，循环使用这些磁带进行备份。同时，应该注意把备份介质存放在安全的地方，这一点是至关重要的。用户要了解备份的目地是为了恢复系统，因此，用户一定要知道当系统遭到破坏时，需要经过多长时间才能恢复系统，只有备份才能使在恢复系统时数据损失最小。

9.6　网　络　管　理

随着计算机网络在政府部门、企业中的广泛应用，用户对计算机网络的依赖程度越来越高，网络管理已成为计算机网络应用中的重要部分。

一、网络管理的基本概念

随着计算机网络规模的不断扩大，网络结构也变得越来越复杂，企业用户对网络性能、运行状况与安全性更加重视。一个有效、实用的网络任何时候都离不开网络管理，网络管理是网络设计、实现、运行与维护等的关键问题。如果在网络设计中没有考虑好网络管理问题，则按这种有缺陷的方案组建网络系统有很大的风险，如果由于网络性能下降或者因故障而造成网络瘫痪，将给企业造成可能远大于组建网络时投资的损失。

1. 网络管理的定义

网络管理可以分为狭义的网络管理与广义的网络管理。狭义的网络管理是指对网络交通量(Traffic)等网络性能的管理；而广义的网络管理是指对网络应用系统的管理。这里讨论的网络管理(Network Management)涉及三个方面：

(1) 网络服务。网络服务是指向用户提供新的服务类型、增加网络设备与提高网络性能。

(2) 网络维护。网络维护是指网络性能监控、故障报警、诊断、隔离与恢复。

(3) 网络处理。网络处理是指对网络线路、设备利用率数据的采集和分析，以及提高网络利用率的各种控制方法。

Managemention 与 Administration 是网络管理中的常见术语。Managemention 一般泛指

网络管理活动；而 Administration 是指比较具体的某项网络管理行为。因此，相应的 Manager 是指网络管理员，Administrator 是指网络软件的管理进程。

2. 网络管理系统的基本结构

网络管理系统从逻辑上可以分为以下三个部分：

(1) 管理对象(Managed Object)。它是经过抽象的网络元素，对应网络中具体可以操作的数据，如网络性能统计参数、网络设备状态变量与工作参数等。被管理的网络设备包括路由器、交换机、网关、网桥、服务器与工作站等。

(2) 管理进程(Management Process)。它是负责对网络设备进行管理与控制的软件。管理进程根据网络中各个管理对象的状态变化，决定对不同的管理对象采取哪种操作，如调整网络设备工作参数、控制网络设备工作状态等。

(3) 管理协议(Management Protocol)。它负责在管理系统与管理对象之间传输操作命令。管理协议保证管理信息库中的数据与实际网络设备中的状态、工作参数相一致。

3. 管理信息库

管理信息库(MIB，Management Information Base)是管理进程的一部分，用来记录网络中被管理对象的状态参数。一个网络管理系统中只能有一个管理信息库，管理信息库既可以集中存储在一台计算机中，也可以由各个网络设备记录本地参数。网络管理员通过查询管理信息库获得网络设备的工作状态与参数。如何使管理信息库中的数据与实际网络设备的状态、工作参数相一致，是网络管理系统需要解决的重要问题。保证管理信息库一致性有两种方法。

1) 事件驱动方法

事件驱动方法中，由网络监控设备来监控各自的被管对象，发现被管对象的状态、参数发生变化时及时地向管理进程报告，这种报告称为事件报告。事件报告并不意味着发生严重的问题。例如，当一条传输线路受到干扰而无法正常工作时，线路监控设备将产生"线路故障"事件报告，管理进程根据事件对网络服务的影响大小来划分等级。事件通常可以分成四个等级：致命事件、严重事件、轻微事件与一般事件。

2) 轮询驱动方法

轮询驱动方法中，由管理进程主动轮流查询网络设备的工作状态与参数。如果返回结果正常，则不做处理；如果返回结果表明网络设备出现故障，或根本就没有结果返回，则说明网络设备存在难以克服的故障，需要管理进程采取措施才能恢复。轮询驱动方法虽然能保证在网络设备发生故障后的一段时间内发现故障，但是故障的检测时间延迟一般比较长。如果网络中有几百甚至几千个网络设备，则故障检测的时间延迟可能很长。因此，事件驱动方法的实时性会更好一些。

网络管理系统的设计中存在着很多矛盾。例如，如果管理对象的一切状况都实时反映在 MIB 中，必然要在管理进程与管理对象之间频繁通信，这种通信会增加网络开销并造成网络通信效率降低。任何一种通信都会带来一定的延时，要求 MIB 与管理对象在任何时间都完全一致是不可能的。因此，设计网络管理系统时要综合考虑多方面的因素，才能够获得一个合理的折中方案。

二、网络管理的内容

网络管理标准化是要满足不同网络管理系统之间互相操作的需求。为了支持各种互联网络的管理要求，网络管理需要有一个国际性的标准。目前，国际上很多机构与团体在为制定网络管理标准而努力。国际标准化组织 ISO 做了大量工作并制定出相应标准，即 OSI。OSI 网络管理标准将开放系统的网络管理功能划分成五个功能模块。

1. 配置管理的功能

网络配置是网络中每个设备的功能相互间的连接关系与参数，它反映了网络的状态。网络是需要经常变化的，调整网络配置的原因很多，主要有以下几点：网络必须根据用户的需求变化而变化，通过增加新的设备来调整网络规模，以增强网络的服务能力；网络管理系统检测到某个设备或线路发生故障，在故障排除过程中将会影响到部分网络的结构；通信子网中某个节点故障会造成节点减少与路由改变。

网络配置的改变可能是临时性或永久性的。网络管理系统需要有足够的手段来支持这些改变，不论这些改变是临时性的还是永久性的，有时甚至要求在短期内自动修改网络配置以适应突发性需要。配置管理(Configuration Management)用来识别、定义、初始化、控制与监控被管理对象。配置管理需要监控的内容主要有：网络资源与活动状态、网络资源之间的关系、新资源引入与旧资源删除。从网络管理的角度来看，网络资源可以分为三个状态：可用、不可用与正在测试。从网络运行的角度来看，网络资源可以分为两个状态：活动与不活动。

2. 故障管理的功能

故障管理(Fault Management)用来维持网络的正常运行。故障管理包括及时发现网络中发生的故障，找出网络故障产生的原因，以及必要时启动控制功能排除故障。控制活动包括诊断测试，故障修复或恢复，以及启动备用设备等。所有网络设备(包括通话设备与线路)都可能成为网络通信的瓶颈，事先进行性能分析有助于避免出现网络瓶颈。性能分析主要是对网络的各项性能参数(如可靠性、延时、吞吐量、利用率、平均无故障时间等)进行定量评价。

3. 性能管理的功能

性能管理(Performance Management)是指持续评测网络运行中的主要性能指标，检验网络服务是否达到预定水平，找出已经发生或潜在的瓶颈，报告网络性能的变化趋势，以便为网络管理决策提供依据。典型的性能管理可以分为两部分：性能监测与网络控制。性能监测是指搜集与整理网络状态信息；网络控制是指为改善网络设备性能而采取的动作与措施。OSI 管理功能域定义网络与用户对性能管理的需求，用于度量网络负荷、吞吐量、响应时间、传输延时、资源可用性等参数。

4. 安全管理的功能

安全管理(Security Management)用来保护网络资源的安全。安全管理需要利用各层次的安全防卫机制来尽量减少非法入侵事件，检测未授权的资源使用，查出入侵点，并对非法活动进行审查与追踪。安全管理需要制定判断非法入侵的条件与规则。非法入侵活动包括用户企图修改未授权访问的文件、硬件或软件配置、访问优先权，以及任何其他对敏感数据的访问企图。安全管理进程对搜集到的信息进行分析与存储，并根据入侵活动的情况采取相应的措施，如给入侵用户以警告信息、取消网络访问权限等。

5. 记账管理的功能

记账管理(Accounting Management)用来统计网络资源或服务的使用情况。对于公用分组交换网与各种网络服务系统，用户必须为使用的网络资源或服务付费，网管系统需要记录用户使用网络资源的情况并核算费用。用户使用网络资源的费用有不同的计算办法，如主叫付费、被叫付费与主被叫分担费用等。因此，记账管理是网络通信服务公司与 ISP 所需的功能，用来实现对用户合理收费与确定网络的利用率。虽然企业内部网用户使用网络资源并不需要付费，但是记账功能可以用来记录用户的网络使用时间、网络资源利用率等，因此记账管理在企业内部网中也非常有用。

三、简单的网络管理协议

Internet 网络管理模型是 Internet 环境中的网络管理框架。图 9.10 为 Internet 网络管理模型。管理对象表示一种接受管理的网络资源。每个管理对象中有一个管理代理(Agent)，负责执行对管理对象的实际管理操作。网络中可以有一个或多个实施集中式的管理进程，网络管理标准用来定义网络管理中心与管理代理之间的通信。

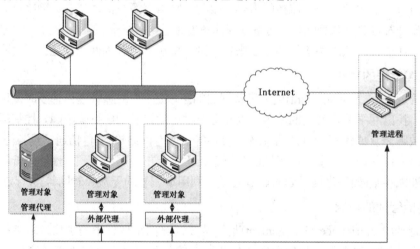

图 9.10　Internet 网络管理模型

Internet 网络管理模型引入了外部代理(Proxy Agent)的概念。管理代理与外部代理的不同之处是：管理代理只是网管系统中管理动作的执行者，是管理对象所在网络设备的一部分；外部代理则是在网络设备之外附加的代理，专门为不符合网络管理标准的网络设备设置，用来完成网管协议转换与管理信息过滤。如果网络设备不能与管理进程直接交换信息(如普通 Modem 不支持网络管理协议)，这时就需要使用外部代理来进行管理。外部代理利用网管协议与管理进程通信，同时还要与被管理的网络设备通信。一个外部代理能够管理多个网络设备。

除了标准化组织制定的网络管理标准外，有些厂商还制定了应用在各自网络中的网管标准。例如，IBM 公司、Internet 组织都有各自的网管标准，有些已经成为事实上的网络管理标准，如简单网络管理协议(SNMP，Simple Network Management Protocol)。图 9.11 给出了 SNMP 网络管理模型的结构。SNMP 网络管理模型包括三个组成部分：管理进程(Manager)、管理代理(Agent)与管理信息库(MIB)。

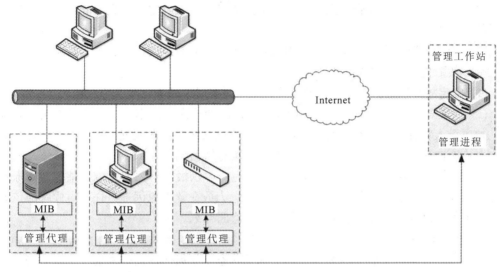

图 9.11　SNMP 网络管理模型

管理进程是运行在网管工作站中的网络管理软件。管理进程负责完成对各种网络设备的管理功能，通过各个设备中的管理代理实现对设备或资源的控制。网络管理员通过管理进程对整个网络进行管理。管理进程通过图形用户接口显示各种网络信息以及网络中各个管理代理的配置图等。管理进程集中存储各个管理代理的数据，以备在事后进行分析时使用。管理信息库是由管理对象组成的数据库，每个管理代理管理本地管理信息库的管理对象，各个管理代理共同管理构成全网的管理信息库。

管理代理是运行在被管的网络设备中的软件，负责执行管理进程发起的管理操作。管理代理直接操作本地的管理信息库，可以读取或修改管理信息库中的各种变量值。每个管理代理有自己的本地管理信息库，本地管理信息库中不一定具有 Internet 定义的管理信息库的全部内容，它只需包含与本地设备有关的管理对象即可。管理代理具有两个基本管理功能，即读取或修改管理信息库中的各种变量值。

四、网络故障排除

网络故障往往与许多因素有关，网络管理人员要清楚网络的结构设计，包括网络拓扑、设备连接、系统参数设置及软件使用；了解网络正常运行状况，注意收集网络正常运行时的各种状态和报告输出参数，熟悉常用的诊断工具，准确地描述故障现象。

1. 网络故障诊断的方法

网络故障诊断的目的是确定网络的故障点，恢复网络的正常运行；发现网络规划和配置中的欠佳之处，改善和优化网络的性能；观察网络的运行状况，及时预测网络通信质量。

网络故障诊断从故障现象出发，以网络诊断工具为手段获取诊断信息，确定网络故障点，查找问题的根源，排除故障，恢复网络正常运行。网络故障通常有以下几种原因：物理层中物理设备相互连接失败或者硬件及线路本身的问题；数据链路层网络设备的接口配置问题；网络层网络协议配置或操作错误；传输层的设备性能或通信拥塞问题；最上面三层网络应用程序错误。诊断网络故障的过程应该沿着 OSI 七层模型从物理层开始向上进行。首先检查物理层，然后检查数据链路层，依此类推，设法确定通信失败的故障点，直到系统通信正常为止。

网络诊断可以使用多种工具，常用的是路由器诊断命令、网络管理工具和其他故障诊断工具。故障排除的一般步骤是：

(1) 确定故障现象。确定故障的具体现象，详细说明故障症状和潜在原因。

(2) 收集需要的、用于帮助隔离可能产生故障的信息。向用户、网络管理员、管理者和其他关键人物提一些和故障有关的问题，广泛地从网络管理系统、协议分析跟踪系统、路由器诊断命令的输出报告或软件说明书中收集有用信息。

(3) 根据收集到的情况考虑可能的故障原因。可以根据有关情况排除某些故障原因。例如，根据某些资料可以排除硬件故障，把注意力放在软件原因上。任何时候都应该设法减少可能的故障原因，尽快策划出有效的故障诊断计划。

(4) 根据最后推断出的故障原因建立一个诊断计划。开始仅用一个最可能的故障原因进行诊断活动，这样更容易恢复到故障的原始状态。如果一次同时考虑一个以上的故障原因，试图返回故障原始状态就困难多了。

(5) 执行诊断计划。认真做好每一步测试和观察，直到故障症状消失。

(6) 每改变一个参数都要确认其结果。分析结果，确定问题是否解决，如果没有解决，则继续重复上面的步骤，直到问题解决。

2. 常见的网络故障的现象及解决的办法

【实例 1】　一个有 120 台计算机的机房，全部计算机在启动 Windows XP 时一直停留在启动界面不能进入系统。

【维修过程】首先怀疑是计算机病毒的原因，经过查毒，没有发现问题。测试时发现使用安全模式可以进入，但普通模式不能进入。偶然发现机房中有两台计算机可以进入，把这两台计算机替换到其他位置也出现相同问题，开始怀疑网络问题。

本机房使用了九个集线器和一个交换机，集线器全部连接到交换机上，交换机连接到校园网。把一个集线器和交换机的连接线断开，再实验，发现此集线器连接的计算机工作正常。因此，确定故障在交换机上。仔细检查交换机，发现交换机和校园网连接的网线两头都插在交换机的不同端上，拔开后整个机房恢复正常。原来是老师为阻止学生上课时上网，把外网网线拔掉后插到交换机上，引起了网络全部广播数据包回传，网卡无法完成测试网络状态，造成 Windows XP 停止在开机界面。

【实例 2】　校园网访问外部网络速度极慢，有时甚至完全中断，但内部网络访问正常。

【维修过程】ping 外部网络，发现有大量的丢包，但一直可以连通。经监控，发现有大流量数据包通过校园网流向外网，而正常情况下，校园网向外的流量相对较小，判断内部网络有问题。

本网络出口没有安全网关，临时在网络出口串联一个共享式集线器，将连接外网的光电转换器和连接内网的核心交换机的双绞线都接到此集线器上，在集线器一个端口连接一台计算机，安装网络检测软件 snaffer，此软件可以检测本地网络的各个地址流量情况。检测发现，局域网中有个 IP 地址发出将近 60 Mb/s 的数据流量，完全把网络出口堵塞了。

检查配置这个 IP 的计算机，发现此台计算机安装了 SQL Server 软件，但没有升级 Microsoft 的补丁程序，被感染了利用 SQL Server 漏洞向网络发布数据包的病毒。进行安全处理后，系统恢复正常。

【实例 3】　一台计算机，网络配置正常，但不能连通网络。

【维修过程】本机通过信息插座和局域网连接，确认网络配置和网卡没有问题后，怀疑是连接计算机和信息插座的网线出了问题。把此网线换到其他计算机上，工作正常。又怀疑信息插座到交换机的线路出了问题，经检测，没有问题，暂时没有头绪。

无意使用测线仪测网线，发现第三根线有时不通，仔细检查，原来是第三根线在制作网线时被网线钳压得已要折断，使用网线时，因为曲折的原因，这条线偶然会通。重新做网线后，故障排除。使用网线钳剥双绞线的外皮时，非常容易出现这种现象，有些线被压得快要断开，但还能使用，长时间使用后会引起网络不通的故障，所以制作网线时一定要仔细检查。

【实例 4】　计算机无法浏览 Internet，E-mail 服务器无法对外发送和接收邮件。

【维修过程】Tracert 某域名，马上被告之失败，但 Tracert 其 IP 地址又是正常的。这说明 DNS 有问题，检查 DNS 服务器，发现是杀毒软件发现病毒，自动弹出报警窗口，引起系统资源全部被占用。服务停止，查杀病毒后系统恢复正常。

【实例 5】　一个大型计算机房，大量计算机出现"本机的计算机名已经被使用"和"IP 地址冲突"等提示。

【维修过程】此机房是使用网络复制的方式安装系统的，因为安装了保护卡，后来手工修改计算机名和 IP 地址时，有些计算机忘记取消保护，引起故障。

由于机房较大，查找发生冲突的计算机有些困难，此时可以利用冲突提示。当出现冲突提示时，会同时出现发生冲突的计算机网卡的 MAC 地址。利用这些 MAC 地址，可以很容易地找到冲突的计算机。建议机房管理人员事先把所有计算机的 MAC 地址统计一遍，这对以后查找网络故障和配置安全机制十分有用。

【实例 6】　一个单位部分科室的计算机频繁出现不能上网的现象。

【维修过程】询问该单位相关人员得知不能上网的计算机都开启了 DHCP 服务，配置了自动获得 IP 地址等上网参数，经过排查发现这些网关地址都出现了问题。正确的地址应该是 192.168.4.254，而这些故障计算机得到的网关地址却是 192.168.4.65。部分计算机使用 ipconfig/release 释放获得的网络参数后，再用 ipconfig/renew 可以获得真实的网关地址，而大部分获得的仍是错误的数据。知道原因后，把能正确提供 DHCP 服务器地址的计算机加入到域内，并对其进行授权，使得非授权的计算机无法加入域内。

网络故障成千上万，这里列举的是一些常见故障，希望大家能够举一反三，多实践、多积累、多总结，提高自己处理网络故障的实际应用能力。

本 章 小 结

本章首先对网络安全的重要性、网络安全的概念和网络安全的标准进行了说明，并重点介绍了网络安全研究的基本问题；其次对计算机防火墙、计算机病毒和网络文件的备份和恢复的方法进行了介绍；最后对网络管理的概念、内容和常见网络故障的排除方法进行了说明。通过对本章内容的学习，可以在宏观上对网络安全与管理有一个总体了解，对常见的网络故障能够进行有效地分析和排除，能够配置简单的防火墙，熟练运用常见的杀毒软件。

练 习 题

一、选择题

1. ( )服务用来确认网络传输的源结点与目的结点的用户身份是否真实。

A. 身份认证　　　　B. 数据完整性　　　　C. 防抵赖　　　　D. 访问控制

2. 在可信计算机系统评估准则中，计算机系统安全等级要求最高的是( )级。

A. D　　　　B. C1　　　　C. B1　　　　D. A1

3. 如果发现入侵者可能对网络资源造成严重破坏时，网络管理员应采取( )的反应措施。

A. 跟踪方式　　　　B. 保护方式　　　　C. 修改密码　　　　D. 修改权限

4. 对网络系统的安全负有最重要责任的用户是( )。

A. 普通网络用户　　B. 临时网络用户　　C. 网络管理员　　D. 网络操作员

5. 引导型病毒的基本特征是对( )的感染。

A. Word 模板文件　　B. 浏览器程序　　C. 电子邮件正文　　D. 硬盘引导程序

6. ( )功能是用来保护网络资源安全的网络管理功能。

A. 计费管理　　　　B. 安全管理　　　　C. 性能管理　　　　D. 配置管理

7. 信息( )是指信息在从源结点到目的结点的传输过程中被截获，攻击者在信息中进行修改或插入欺骗性的信息，然后将修改后的错误信息发送给目的结点。

A. 伪造　　　　B. 窃听　　　　C. 篡改　　　　D. 加密

二、名词解释题

用所学定义解释以下术语：

1. 保护方式　　　　2. 跟踪方式
3. 网络访问点　　　4. 防火墙
5. 分组过滤路由器　6. 应用网关
7. 性能管理　　　　8. 故障管理

三、简答题

1. 网络安全的定义是什么？网络安全服务的主要内容有哪些？

2. 网络安全威胁的因素有哪些？

3. 组建 Intranet 时为什么要设置防火墙？防火墙的基本结构是什么？

4. 根据 OSI 网络管理参考模型，网络管理主要包括哪些基本功能？

5. 如果你是一个运行 Windows server 2008 操作系统的局域网管理员，你认为只依靠操作系统内置的网络管理功能是否足够？为什么？

附录　练习题参考答案

第1章　计算机网络概述

一、填空题

1. 计算机　网络

2. 总线型

3. LAN　WAN

二、选择题

1～4：D　B　D　A

三、简答题

1. 计算机网络的基本功能有：

(1) 资源共享。

(2) 数据通信。

(3) 高可靠性。

(4) 信息管理。

(5) 分布式处理。

2. 常见的网络拓扑结构有总线型拓扑结构、环型拓扑结构、星型拓扑结构、树型拓扑结构和网状拓扑结构。

(1) 总线型拓扑结构的特点有：

① 结构简单，易于扩展，易于安装，费用低。

② 共享能力强，便于广播式传输。

③ 网络响应速度快，但负荷重时性能会迅速下降。

④ 网络效率和带宽利用率低。

⑤ 采用分布控制方式，各节点通过总线直接通信。

⑥ 各工作节点平等，都有权争用总线，不受某节点仲裁。

(2) 环型拓扑结构的特点有：

① 各工作站间无主从关系，结构简单。

② 信息流在网络中沿环单向传递，延迟固定，实时性较好。

③ 两个节点之间仅有唯一的路径，简化了路径选择。

④ 可靠性差，任何线路或节点的故障，都有可能引起全网故障，且故障检测困难。

⑤ 可扩充性差。

(3) 星型拓扑结构的特点有：

① 结构简单，容易扩展、升级，便于管理和维护。

② 容易实现结构化布线。通信线路专用，电缆成本高。

③ 中心节点负担重，易成为信息传输的瓶颈。

④ 星型结构的网络由中心节点控制与管理，中心节点的可靠性基本上决定了整个网络的可靠性，中心节点一旦出现故障，便会导致全网瘫痪。

(4) 树型拓扑结构的特点有：

① 有天然的分级结构，各节点按一定的层次连接。

② 易于扩展，易进行故障隔离，可靠性高。

③ 对根节点的依赖性大，一旦根节点出现故障，将导致全网瘫痪，电缆成本高。

(5) 网状型拓扑结构的特点有：

① 节点间的通路比较多，网络具有很高的可靠性。

② 网络控制结构复杂，建网费用较高，管理也复杂。

③ 两个节点间传输数据与其他节点无关，又称为点对点的网络。

3. 计算机网络首先是一个通信网络，各计算机之间通过通信媒体、通信设备进行数字通信，在此基础上各计算机可以通过网络软件共享其他计算机上的硬件资源、软件资源和数据资源。从计算机网络各组成部件的功能来看，各部件主要完成两种功能，即网络通信和资源共享。把计算机网络中实现网络通信功能的设备及其软件的集合称为网络的通信子网，而把网络中实现资源共享功能的设备及其软件的集合称为资源子网。

IMP(接口报文处理机)和它们之间互连的通信线路一起负责主机间的通信任务，构成了通信子网。通信子网互联的主机负责运行程序，提供资源共享，组成了资源子网。

就局域网而言，通信子网由网卡、线缆、集线器、中继器、网桥、路由器、交换机等设备和相关软件组成。资源子网由连网的服务器、工作站、共享的打印机和其他设备及相关软件所组成。

在广域网中，通信子网由一些专用的通信处理机(即节点交换机)及其运行的软件、集中器等设备和连接这些节点的通信链路组成。资源子网由上网的所有主机及其外部设备组成。

第2章　数据通信基础知识

一、单选题

1~5：CABAB

二、判断题

1~3：错 错 错

三、简答题

1. 答：(1) 这三个名词是不同范畴的概念，就像瓶子、汽车跟小鸭子的关系一样让人难以联系到一起。

(2) 一般情况下数据是数据链路层的概念，它讲究在介质上传输的信息的准确性；信息是应用层的概念，它讲究所要表达的意思；信号是物理层的概念，它讲究电平的高低，线路的通断等。

(3) 举例子来说：你在打电话，电话线要有信号，交换机交换语音数据，而你和接电话的人交换的是信息。

2. 答：(1) 吞吐量表示在单位时间内通过某个网络(或信道、接口)的数据量，网络信道数据率越大，吞吐量越大，此时网络的发送时延越小。

(2) 信道数据率提高，通常能够增大吞吐量，此时发送时延降低，传播时延不变，但整个时延并不一定减小。因为整个时延由三部分组成：发送时延、传播时延和处理时延。信道数据率提高，吞吐量增大，也就意味着单位时间内进入网络的数据量增加，此时可能导致网络中数据量过多，中间的结点来不及处理，处理时延增加(如需要排队)，因此整个时延可能增加。

四、操作题

1. 填写内容如下：

连接号	第1对	第2对	第3对	第4对	第5对	第6对	第7对	第8对
A端 RJ-45	白橙	橙	白绿	蓝	白蓝	绿	白棕	棕
B端 RJ-45	白绿	绿	白橙	蓝	白蓝	橙	白棕	棕

结果：交叉线两端连接正确，测试时测线器A端1号灯亮时，测线器B端3号灯亮，A端2号灯亮时，B端6号灯亮，A端3号灯亮时B端1号灯，A，B两端5，7，8同步对应闪烁。

2. 填写内容如下：

连接号	第1对	第2对	第3对	第4对	第5对	第6对	第7对	第8对
A端 RJ-45	白橙	橙	白绿	蓝	白蓝	绿	白棕	棕
B端 RJ-45	白橙	橙	白绿	绿	白蓝	蓝	白棕	棕

结果：线序连接正确，但由于接入RJ-45的线头长短不一，又在压合水晶头时未压紧，导致线头从水晶头中掉落，测试未成功。在经过改正后，测试，测线器A，B两端指示灯对应同步对应闪烁。

3. 直通线：两端测试灯都是按1~8的顺序显示(用于连接不同种设备)。

交叉线：1~3和2~6是拧着的，其他顺序，也就是一端显示1另一端显示3，一端显示2，另一端显示6(用于连接相同设备)。

第3章　计算机网络体系结构

一、填空题

1. 语义　同步
2. 网络接口层　网络层　传输层　应用层
3. 表示层

二、简答题

1. 答：(1) 分层结构独立性强，上层仅仅需通过下层为上层提供的接口来使用下层所实现的服务，而不须要关心下层的详细实现；

(2) 分层结构适应性强，只要每层为上层提供的服务和接口不变，每层的实现细节可以随意改变；

(3) 分层结构易于实现和维护，把复杂的系统分解成若干个涉及范围小且功能简单的子单元，从而使得系统结构清晰，实现、调试和维护都变得简单。

2. 答：(1) 相似点是两者都以协议的概念为基础，都采用层次结构并存在可比的传输层和网络层，都是下层给上层提供服务，虽然一个是概念上的模型，一个是事实上的标准，但是对于计算机网络的发展具有同样的重要性。

(2) 不同点有：

① OSI 参考模型有 7 层，而 TCP/IP 只有四层。

② OSI 模型的网络层同时支持无连接和面向连接的通信，但是传输层上只支持面向连接的通信；TCP/IP 模型的网络层只提供无连接的服务，但在传输层上同时支持两种通信模式。

③ OSI 模型是先有模型后有协议，而 TCP/IP 是先有协议后有模型。

④ OSI 模型的网络功能在各层的分配差异大，链路层和网络层过于繁重，表示层和会话层又太轻，TCP/IP 则相对比较简单。

⑤ OSI 模型的有关协议和服务定义太复杂且冗余，很难且没有必要在一个网络中全部实现，如流量控制、差错控制、寻址在很多层重复，TCP/IP 则没什么重复。

3. 答：数据封装的过程为，对从最高层到底层把数据按本层协议进行协议头和协议尾的数据封装，然后将封装好的数据传送给下层。

数据解封装的过程为，当一帧数据通过物理层传送到目标主机的物理层时，该主机的物理层把它递交到上层数据链路层。数据链路层负责去掉数据帧的帧头部 DH 和尾部 DT(同时还进行数据校验)。如果数据没有出错，则递交到上层网络层。同样，网络层、传输层、会话层、表示层、应用层也要做类似的工作。最终，原始数据被递交到目标主机的具体应用程序中。

第4章　网络互联基础知识

一、填空题

1. TCP/IP　超文本传输
2. 32　128
3. 有效利用 IP 地址资源　简化网络管理　合理分割广播域
4. 测试网络连接状况　显示 IP 协议的具体配置信息

二、选择题

1～8：C A D D C B B C

三、简答题

1. 答：A、B、C 三类 IP 地址的区别见下表。

类别	第一字节范围	网络地址位数	主机地址位数	适用的网络规模
A	1～126	7	24	大型网络
B	128～191	14	16	中型网络
C	192～223	21	8	小型网络

2. 答：从 27 位的子网掩码中，可得子网位数为 27 − 24 = 3，这个 C 类地址中，32 位的 IP 前面 24 位为网络号，后 8 位中前 3 位为子网号，后 5 位为主机号，块大小为 256 − 224 = 32，所以 IP192.238.7.45 为第二个子网 192.238.7.32 里的一个地址，这个子网内的主机范围为 192.238.7.33～192.238.7.62。

3. 答：OSI 模型与 TCP/IP 模型的区别为：

(1) TCP/IP 考虑了多种异构网的互联问题，并将网际协议 IP 作为 TCP/IP 的重要组成部分。但 ISO 和 CCITT 最初只考虑到全世界都使用一种统一的标准公用数据网将各种不同的系统互联在一起，忽视了网际协议 IP 的重要性，只好在网络层中划分出一个子层来完成类似 TCP/IP 中 IP 的作用。

(2) TCP/IP 一开始就将面向连接服务和面向无连接服务并重，而 OSI 在开始时只强调面向连接这种服务。一直到很晚 OSI 才开始制定面向无连接服务的有关标准。

(3) TCP/IP 较早就有较好的网络管理功能，而 OSI 到后来才开始考虑这个问题。

IPv4 与 IPv6 的区别为：

(1) IPv4 是 32 位地址，IPv6 是 128 位地址。

(2) IPv4 缺乏安全性，IPv6 增加了安全认证机制。

(3) IPv4 协议配置复杂，IPv6 增强了协议的可扩充性，实现无状态自动配置。

4. 答：不通的计算机网络连接不正常；不通的计算机启用了防火墙，阻挡了 ping 命令的 ICMP 报文；交换机上对两台计算机间的通信存在限制。

四、操作题

答案略。

第 5 章　局域网技术

一、填空题

1. LLC　MAC

2. 网络适配器　网络接口卡

3. 虚拟局域网

二、简答题

1. (1) IEEE 802.1 标准。IEEE 802.1 标准定义了局域网的体系结构、网际互连、网络管理和性能测试。

(2) IEEE 802.2 标准。IEEE 802.2 标准定义了逻辑链路控制子层 LLC 的功能与服务，即高层与任何一种局域网 MAC 层的接口。

(3) 不同介质访问控制的相关标准。此类分别定义了不同介质访问控制的标准，其中最重要的为 802.3 标准。

IEEE 802.3：CSMA/CD 总线网，即 CSMA/CD 总线网的 MAC 子层和物理层技术规范。

IEEE 802.4：令牌总线网，即令牌总线网的 MAC 子层和物理层技术规范。

IEEE 802.5：令牌环形网，即令牌环形网的 MAC 子层和物理层技术规范。

IEEE 802.6：城域网，即城域网的 MAC 子层和物理层技术规范。

IEEE 802.7：宽带局域网标准。

IEEE 802.8：光纤传输标准。

IEEE 802.9：综合话音数据局域网标准。

IEEE 802.10：可互操作的局域网安全性规范。

(4) 无线网标准。IEEE 802.11 无线局域网标准，目前有 801.11、801.11a、801.11b、801.11g、801.11n 等标准，主要用于 100 m 范围内的无线数据传输。

IEEE 802.14：电缆调制解调器(Cable Modem)标准。

IEEE 802.15 无线个域网标准，主要用于 10 m 内的短距离无线通信，主要技术为蓝牙和超宽带(UWB)。

IEEE 802.16 无线城域网标准，也被称为 WiMax 技术，主要用于 10 km 范围内的固定及移动无线数据传输。

IEEE 802.20 无线广域网，基于 IP 的无线全移动网络技术。

2. 选购路由器应主要从以下几个方面加以考虑：

(1) 实际需求：性能、功能、所支持的协议等必须满足要求，不要盲目追求品牌。

(2) 吞吐量：指路由器对数据包的转发能力。较高档的路由器能对较大的数据包进行正确快速转发；而低档路由器则只能转发小的数据包，对于较大的数据包则需要拆分成许多小的数据包再进行转发。

(3) 可扩展性：要考虑到未来网络升级的需要。

(4) 服务支持：生产厂家售前售后的服务和支持是保证设备正常使用的重要因素。

(5) 可靠性：主要考虑产品的可用性、无故障工作时间和故障恢复时间等指标。

(6) 价格：在产品质量、服务都能保证的前提下，希望价格较低。

(7) 品牌因素：通常情况下，名牌大厂的产品会有更好的质量和服务。

3. VLAN 的优点有：

(1) 提高了网络传输性能。

(2) 增强了网络安全性。

(3) 使网络管理更方便。

(4) 增加了网络连接的灵活性。

4. 目前，无线局域网的接入方式主要有以下四种：对等无线网络、独立无线网络、接入以太网的无线网络和无线漫游的无线网络。

第6章　广域网技术

一、填空题

1. 物理层　数据链路层　网络层

2. 数据终端设备 DTE　数据电路端接设备 DCE

3. 标志字段

4. 0X7D　0X5E

5. 虚拟专用网 VPN

二、选择题

1-5　C A B B B

三、简答题

1. PPP 协议由以下三部分组成：

(1) 一个将 IP 数据报封装到串行链路的方法。

(2) 一个用来建立、配置和测试数据链路连接的链路控制协议 LCP。

(3) 一套网络控制协议 NCP。

2. 011011111011111000；000111011111111111110。

3. VPN 有以下三种类型：

(1) 内联网 VPN。

(2) 外联网 VPN。

(3) 远程接入 VPN。

第7章　网络操作系统

一、填空题

1. 计算机网络

2. 全新安装　升级安装　远程安装　Server Core 安装

3. mmc

二、选择题

1～3：A B A

三、简答题

1. 网络操作系统是网络用户与计算机网络之间的接口，是专门为网络用户提供操作接口的系统软件。网络操作系统能够提供资源的共享、数据的传输，负责整个网络系统的软硬件资源的管理和控制。

2. 网络操作系统功能为：

(1) 提供高效、可靠的网络通信能力。

(2) 提供多种网络服务功能，如远程作业录入并进行处理的服务功能；文件传输服务功能；电子邮件服务功能；远程打印服务功能等。总而言之，要为用户提供访问网络中计算机各种资源的服务。

3. 一个典型的网络操作系统，一般具有以下特征：

(1) 硬件独立。网络操作系统可以在不同的网络硬件上运行。

(2) 桥/路由连接。可以通过网桥、路由功能和别的网连接。

(3) 多用户支持。在多用户环境下，网络操作系统给应用程序及其数据文件提供了足够的、标准化的保护。

(4) 网络管理。支持网络应用程序及其管理功能，如系统备份、安全管理、容错、性能控制等。

(5) 安全性和存取控制。对用户资源进行控制，并提供控制用户对网络访问的方法。

(6) 好的用户界面。网络操作系统提供用户丰富的界面功能，具有多种网络控制方式。

总之，网络操作系统为网上用户提供了便利的操作和管理平台。

第 8 章　　计算机网络应用

一、填空题

1. 客户/服务器

2. 浏览器

3. 递归　迭代

4. IP 地址　子网掩码　默认路由器的 IP 地址　域名服务器的 IP 地址

5. 超级文本传输协议

二、选择题

1～5：D C A D A

三、简答题

1. (1) 网络终端协议，用于实现互联网中远程登录功能；

(2) 文件传输协议，用于实现互联网中交互式文件传输功能；

(3) 简单邮件传输协议，用于实现互联网中邮件传送功能；

(4) 域名系统，用于实现互联网设备名字到 IP 地址映射的网络服务；

(5) 超文本传输协议，用于目前广泛使用的 Web 服务；

(6) 路由信息协议，用于网络设备之间交换路由信息；

(7) 简单网络管理协议，用于管理和监视网络设备；

(8) 网络文件系统，用于网络中不同主机间的文件共享。

2. 在万维网客户程序与万维网服务器程序之间进行交互所使用的协议，是超文本传送协议 HTTP。HTTP 是一个应用层协议，它使用 TCP 连接进行可靠的传送。

第9章　网络安全与网络管理

一、选择题

1~7：A D B C D B C

二、名词解释题

1. 当网络管理员发现网络存在非法入侵时，立即采取措施制止入侵者活动的方法。

2. 当网络管理员发现网络存在非法入侵时，不立即制止而是跟踪入侵者活动的方法。

3. 网络系统与每个外部用户的连接点。

4. 在企业内部网与 Internet 之间检查数据分组或服务请求合法性的设备。

5. 根据安全检查规则过滤网络之间传输的数据分组合法性的设备。

6. 检查用户发出的应用服务请求合法性的设备。

7. 持续监测、统计与分析网络运行性能，为网络管理提供决策依据的网络管理功能。

8. 检测与恢复故障设备等故障排除方面的网络管理功能.

三、简答题

答案略。

参 考 文 献

[1]　满昌勇. 计算机网络基础[M]. 北京：清华大学出版社，2010.

[2]　刘勇，邹广慧. 计算机网络基础[M]. 北京：清华大学出版社，2016.

[3]　汪双顶，王健，杨建涛. 计算机网络基础[M]. 北京：高等教育出版社，2019.

[4]　张路扬，李玉魁. 计算机网络技术[M]. 西安：西北工业大学出版社，2019.

[5]　刘文林. 计算机网络技术[M]. 北京：化学工业出版社，2016.

[6]　周舸. 计算机网络技术基础[M]. 3 版. 北京：人民邮电出版社，2012.